Indra Vythilingam

Mosquitos de importância para a saúde pública

Indra Vythilingam

Mosquitos de importância para a saúde pública

Os mosquitos e a saúde pública

ScienciaScripts

Imprint
Any brand names and product names mentioned in this book are subject to trademark, brand or patent protection and are trademarks or registered trademarks of their respective holders. The use of brand names, product names, common names, trade names, product descriptions etc. even without a particular marking in this work is in no way to be construed to mean that such names may be regarded as unrestricted in respect of trademark and brand protection legislation and could thus be used by anyone.

Cover image: www.ingimage.com

This book is a translation from the original published under ISBN 978-3-659-82105-9.

Publisher:
Sciencia Scripts
is a trademark of
Dodo Books Indian Ocean Ltd. and OmniScriptum S.R.L publishing group

120 High Road, East Finchley, London, N2 9ED, United Kingdom
Str. Armeneasca 28/1, office 1, Chisinau MD-2012, Republic of Moldova, Europe
Printed at: see last page
ISBN: 978-620-8-31951-9

Para a minha mãe, que me criou e me tornou naquilo que sou

ÍNDICE DE CONTEÚDOS

Prefácio

É uma honra ser convidado a escrever estas breves palavras sobre uma boa amiga e antiga colega, a Professora Datin Dr. Indra Vythilingam. A Indra iniciou a sua ilustre carreira na Divisão de Controlo de Vectores do Departamento Médico e de Saúde de Selangor como cientista-entomologista. Selangor como cientista-entomologista. Mais tarde, mudou-se para o Instituto de Investigação Médica (IMR) como investigadora na Divisão de Entomologia. Foi no IMR que teve a oportunidade de se desenvolver como uma autoridade em mosquitos de importância médica para a saúde. O seu percurso profissional no IMR conduziu-a a vários cargos, como o de Investigadora Principal e Chefe da Unidade de Parasitologia.

Da Malásia, foi para Singapura, onde se tornou investigadora principal do Instituto de Saúde Ambiental de Singapura. Esta ligação levou-a ao domínio da fraternidade internacional que trabalha com doenças tropicais. De Singapura, regressou à sua terra natal e é atualmente Professora de Entomologia no Departamento de Parasitologia da Universidade da Malásia.

Sendo uma jogadora de equipa e uma líder eficaz, contribuiu imensamente para o domínio da biologia e do controlo de vectores de importância para a saúde pública. Durante 30 anos ou mais, trabalhou incansavelmente na promoção de actividades que contribuíram para os avanços na biologia dos vectores. As suas contribuições desenvolveram e reforçaram as estratégias de controlo de vectores, especialmente as da malária, da encefalite japonesa, da dengue e da filariose na Malásia. Tem sido muito bem sucedida na obtenção de subsídios locais e internacionais para levar a cabo a sua investigação. Publicou mais de 100 artigos em revistas internacionais e locais revistas por pares e foi consultora da OMS em muitas ocasiões.

Em reconhecimento do seu trabalho em medicina tropical, foi galardoada com a medalha de ouro Sandosham em 2007 pela Sociedade Malaia de Parasitologia e Medicina Tropical. Foi editora da *revista Tropical Biomedicine* (a única revista médica da Malásia na Web of Science) de 2006 a 2014. Colocou a revista numa base sólida que lhe valeu uma reputação internacional. Atualmente, é editora da revista Parasites and Vectors.

Espero sinceramente que este livro sobre a biologia e o controlo dos mosquitos de importância para a saúde pública seja útil para os malaios e também aplicável à região, e que dê uma ideia das contribuições da Indra para o campo da entomologia médica, de modo a inspirar os mais jovens a seguirem as suas pisadas.

Stephen Ambu International Medical University, Kuala Lumpur, Malásia.

Prefácio

Os mosquitos e as doenças por eles transmitidas causam graves problemas de saúde pública em muitos países dos trópicos. A Malásia tem uma quota-parte justa de doenças transmitidas por mosquitos. Os mosquitos pertencentes aos géneros *Anopheles, Aedes, Armigeres, Culex* e *Mansonia* são responsáveis pela transmissão de doenças. Existem medicamentos para algumas das doenças parasitárias transmitidas por mosquitos, como a malária e a filariose linfática, pelo que a incidência destas doenças tem vindo a diminuir ao longo dos anos. No entanto, para as doenças virais transmitidas por mosquitos, como a dengue, a chikunguya e o vírus zika, não existem medicamentos nem vacinas, pelo que o controlo dos mosquitos vectores continua a ser a principal opção para evitar epidemias.

O controlo dos mosquitos tornou-se mais complexo agora com os transportes rápidos, a urbanização não planeada, a diminuição das finanças e a globalização. A dengue é um bom exemplo, que estava muito mais controlada nas décadas de 1980 e 1990 do que nos tempos actuais. Talvez o sucesso tenha levado à complacência. Os seres humanos também ajudam a transportar o vírus de um país para outro. Não há soluções rápidas para estes problemas. Os mosquitos estão sempre a mudar o seu comportamento e, com a urbanização, o desenvolvimento e a desflorestação, os vectores secundários podem substituir os vectores primários. Alguns destes mosquitos pertencem a complexos de espécies, pelo que a identificação do mosquito com a espécie correta é muito importante para o controlo.

Agora que as viagens aéreas se tornaram muito acessíveis, a dengue tornou-se um problema mundial. Os mosquitos são facilmente transportados de um lugar para outro e os ovos do mosquito *Aedes* podem resistir à dessecação, pelo que se dispersam facilmente por muitos países do mundo. Os mosquitos *Aedes* são responsáveis pela propagação da dengue, da chikungunya e, mais recentemente, do vírus zika.

Este livro trata da biologia e do controlo dos mosquitos de importância para a saúde pública e baseia-se na experiência da Malásia. No entanto, é aplicável a todos os países da Ásia e do Sudeste Asiático. São discutidos os desafios que enfrentamos no controlo das doenças transmitidas por mosquitos, como a malária, o dengue, a filariose linfática, a encefalite japonesa, os seus vectores e os novos paradigmas de controlo.

Agradecimentos

A produção deste livro foi possível graças à investigação efectuada ao longo dos anos, com recurso a bolsas de investigação obtidas junto do Ministério da Ciência, Tecnologia e Ambiente da Malásia (MOSTI), do Ministério da Saúde da Malásia (MOH), da OMS (WPRO); da JICA Japão, da Bolsa de Investigação da Universidade da Malásia (UMRG) e da Investigação de Elevado Impacto (HIR) da Universidade da Malásia.

Gostaria de agradecer ao Dr. Chiang Geok Lian que me introduziu na investigação da malária quando entrei para o Instituto de Investigação Médica (IMR) em 1990. A minha gratidão ao pessoal técnico da Unidade de Entomologia do IMR, especialmente ao Sr. Chan Seng Thim, à Sra. Susan Eng Kah Li, ao Sr. S. Subramaniam e ao Sr. S. Mahadevan, que me ajudaram durante todos os meus trabalhos de campo na investigação sobre mosquitos. Os meus agradecimentos também ao pessoal da Unidade de Parasitologia do IMR, especialmente ao Sr. Yusri M Yusof, ao Dr. Noor Azian Yusuf e à Sra. Adela Jiram, que estiveram envolvidos no trabalho de campo sobre os parasitas da malária símia. Um agradecimento especial ao Diretor do IMR, Dr. Ng Kok Han, que confiou no meu trabalho e me encorajou a ir mais longe. Agradeço também ao Sr. John Jeffery (que trabalhou na Universidade Nacional da Malásia) pelos seus comentários construtivos sobre os meus numerosos manuscritos.

Os meus sinceros agradecimentos ao Dr. Lee Self, ao Dr. Kevin Palmer e ao Sr. John Storey, todos anteriormente da OMS (WPRO), que foram fundamentais para a minha investigação e orientação, especialmente durante o meu trabalho de consultoria na RDP do Laos. Gratidão ao Dr. Ng Lee Ching, Diretor do Instituto de Saúde Ambiental de Singapura, e a todos os meus colegas que me apoiaram e trabalharam comigo durante o meu mandato em Singapura. A Prof.ª Adeeba Kamarulzaman, Reitora da Faculdade de Medicina da UM, e a Prof.ª Rohela Mahmud, antiga Diretora do Departamento de Parasitologia da UM, estenderam muitas cortesias que são reconhecidas com gratidão.

Gostaria de agradecer ao meu tio, Dr. E. Pushparajah, pelos seus comentários construtivos e pela leitura das provas deste livro. O meu colega Prof. Stephen Ambu por ter escrito o prefácio deste livro. A todos os meus amigos e colegas que, de uma forma ou de outra, me ajudaram nas minhas actividades de investigação.

Estou em dívida para com o meu falecido pai, que não viveu para ver o meu sucesso. À minha mãe, que me ensinou desde pequena, ao meu irmão Dr. V. Kualsingam e à minha irmã Sarojini que, de uma forma ou de outra, fizeram de mim o que sou hoje. Para concluir, gostaria de agradecer ao meu marido, Dato N. Sri Shanmuganathan, pela sua paciência, encorajamento e apoio.

Capítulo 1

Doenças importantes transmitidas por mosquitos

Visão geral

Os mosquitos são os principais vectores de muitas doenças, o que se deve ao facto de as fêmeas se alimentarem de sangue de seres humanos, animais ou aves. Os países dos trópicos são os mais afectados por doenças transmitidas por mosquitos. Os mosquitos pertencem à ordem Diptera (classe Insecta) e estão amplamente distribuídos a nível mundial. Estão ausentes da Antárctica e de algumas ilhas oceânicas. Embora existam mais de 3500 espécies pertencentes a 113 géneros, apenas algumas espécies actuam como vectores de doenças e, por conseguinte, têm importância para a saúde pública. Os vectores predominantes e a doença que transmitem são apresentados no quadro 1.

A Malásia (Figura 1) é um país tropical com uma população de 29 milhões de pessoas e tem a sua quota-parte de doenças transmitidas por mosquitos, como a malária, o dengue, a filariose, a chikungunya e a encefalite japonesa. Estas doenças também ocorrem noutros países do Sudeste Asiático. A Malásia inclui a Península da Malásia e os estados de Sabah e Sarawak na ilha de Bornéu. Algumas das doenças transmitidas por vectores são mais prevalentes do que outras. Atualmente, a dengue é o principal problema de saúde pública na Malásia, com 111 285 casos notificados em 2015 e uma mortalidade de 301 (WPRO 2016). Tanto a malária como a filariose ocorrem em números reduzidos e o país está a trabalhar para a eliminação destas doenças. A malária deve ser eliminada até 2020 e a filariose até 2015 [1]. A Chiknugunya e a encefalite japonesa são duas doenças transmitidas por mosquitos que são registadas em menor número em comparação com as outras doenças.

A malária costumava ser um grave problema de saúde pública na Malásia e o país tem um dos mais antigos programas de controlo da malária na região. No entanto, o país fez grandes progressos na redução da incidência da malária graças a um bom apoio laboratorial no diagnóstico, à deteção ativa e passiva de casos ao longo dos anos, às actividades de controlo dos vectores, como a pulverização residual em interiores e os mosquiteiros tratados com inseticida, juntamente com trabalhos antilarvais e gestão ambiental [2]

Em 1991, registaram-se cerca de 43 545 casos de malária em comparação com 4725 casos em 2012 [1]. A maioria dos casos foi registada em Sabah, Sarawak e nas zonas rurais da Península da Malásia. *O Plasmodium falciparum* foi a espécie predominante em 1992 (65,1%), enquanto o P. vivax foi predominante em 2011 (45,6%) [2].

Tabela 1. Doenças transmitidas por mosquitos

Disease	Distribution	Mosquito vectors	Reservoir host
Malaria	Tropical and subtropical	*Anopheles*	Human (major) Non-human primates
Dengue	Global, tropical, subtropical, threat to temperate	*Ae. aegypti*, *Ae. albopictus* (Urban) *Ae. niveus* (sylvatic cycle)	Human (major) Non-human primate
Chikungunya virus	Tropical, subtropical	*Ae. aegypti*, *Ae. albopictus*	Human (major) Non-human primate Human, Non-human primate
Filariasis	Tropical, Subtropical	*Mansonia* sp, *Aedes* sp, *Anopheles* sp, *Culex* sp, *Downsiomyia* sp	Pigs, birds
Japanese encephalitis	Asia Pacific region	*Culex* sp	First isolated from sentinel rhesus monkey
Zika Virus	Africa, Southeast Asia, Pacific Islands, South America	*Ae. aegypti*, *Ae. albopictus*	Non-human primates
Yellow fever virus	Africa and south America	*Ae. aegypti* (urban), *Ae. africanus*, *Ae. fucifer*	Birds
West Nile enecphalitis	Africa, Middle East, Europe, USA	*Culex* sp	Wild birds, Non-human primates
St. Louis Encephalitis	North, Central South America, Caribbean, USA	*Culex* sp	Human, animals
Rift valley virus	Sub-saharan Africa, Egypt, Middle-East	*Culex* sp	Birds
Murray valley encephalitis	Australia, Papua New Guinea	*Aedes* sp, *Culex* sp	

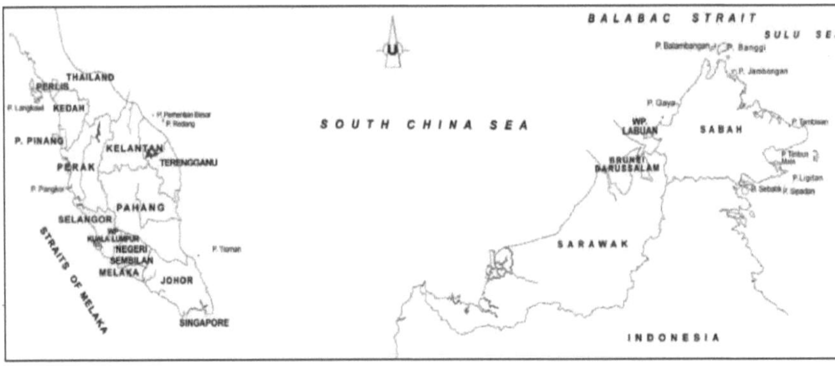

Figura 1. Mapa da Malásia mostrando os vários estados.

No entanto, atualmente, *o P knowlesi*, um parasita da malária símia, é a espécie predominante, sendo responsável por cerca de 38% dos casos notificados em 2012 [1]. A Malásia fez bons progressos no controlo da malária e tem agora como objetivo a eliminação da doença até 2020 [1].

A dengue tornou-se um grave problema de saúde pública e, atualmente, mais de 100 países e 2,5 mil milhões de pessoas são afectados pela dengue, sendo a região do Pacífico Ocidental e o Sudeste Asiático os mais afectados [3]. A dengue foi registada pela primeira vez em Penang, na Península da Malásia, em 1902 [4]. No entanto, só na década de 1970 é que a dengue se tornou uma doença de declaração obrigatória no país. Ao contrário da malária, a dengue tem vindo a aumentar nos últimos anos, como já foi referido. Foram notificados todos os quatro serótipos de dengue e o grupo etário afetado passou de crianças pequenas para uma população mais idosa, como se viu em Singapura [5].

Uma vez que não existem medicamentos e vacinas para a dengue, o controlo do mosquito *Aedes* continua a ser a principal opção para a prevenção e o controlo da dengue. Os métodos de controlo da dengue na Malásia têm sido o saneamento ambiental, a prospeção de larvas de casa em casa, a nebulização quando são notificados casos, a educação sanitária e a redução das fontes [6]. Com fronteiras porosas e viagens globais à velocidade da luz, os casos estarão a aumentar num futuro próximo. Assim, são necessárias novas ferramentas para uma melhor prevenção e vigilância da dengue.

O Aedes aegypti e *o Aedes albopictus*, que são vectores primário e secundário, respetivamente, da dengue, são também vectores do Chikungunya. O vírus Chikungunya (CHIKV) é endémico no Sudeste Asiático, onde se situa a Malásia, tendo sido notificados pela primeira vez níveis baixos neste país na década de 1960 [7]. Embora ocorra habitualmente na Indonésia, não constituía um problema na Malásia até ter sido identificado um surto em Klang, Selangor, em 1998 [8]. Seguiram-se surtos em Perak em 2006 [9-11]. O primeiro surto nacional de CHIKV ocorreu na Malásia entre 2008-2010, onde mais de 10 000 pessoas foram afectadas [12].

Outra doença que está a ser eliminada é a filariose. A filariose linfática, causada pelo parasita nemátodo *Brugia malayi* e *Wuchereria bancrofti*, é uma doença transmitida por mosquitos que afecta os seres humanos desde 600-250 a.C. [13]. Embora tenha sido um problema de saúde pública nos anos 70 e 80 na Malásia [14], a incidência da doença reduziu-se drasticamente nos anos 2000. Isto deveu-se à administração em massa do medicamento dietilcarbamazina (DEC) às pessoas das aldeias afectadas e também ao desenvolvimento das zonas rurais que ajudou a destruir os locais de reprodução dos mosquitos *Mansonia*.

A encefalite japonesa (EJ) é uma doença causada por arbovírus que é endémica no país. No entanto, o número de casos registados na Malásia ao longo dos anos tem sido baixo. A maioria dos casos de EJ foi registada em Sarawak, no Bornéu Malaio. Trata-se de uma doença transmitida por mosquitos e os seres humanos são hospedeiros mortais, enquanto os suínos e as aves são hospedeiros amplificadores. Existe uma vacina contra a EJ e, em muitos países, as crianças e os suínos são vacinados para evitar a propagação da doença.

À escala mundial, sabe-se que as doenças transmitidas por vectores têm um impacto significativo na saúde humana e também no desenvolvimento [15, 16]. No entanto, a Malásia, no seu conjunto, tem progredido bem na redução do fardo destas doenças para níveis mais baixos em comparação com os países vizinhos do Sudeste Asiático, com exceção de Singapura. Tal deveu-se à estabilidade política, à investigação sobre doenças transmitidas por vectores e seu controlo e à boa gestão, diagnóstico, tratamento e controlo da doença sempre que possível.

Este livro tenta apresentar uma revisão abrangente da biologia dos vectores, do seu controlo e da investigação que tem sido realizada no país nos últimos anos. Apesar de se centrar na Malásia, pode ser aplicado em países da região. O seu objetivo é fornecer novas perspectivas e orientações futuras para o controlo dos vectores no país e não só. Os três géneros mais importantes de mosquitos, nomeadamente *Aedes, Anopheles* e *Culex,* são apresentados na Figura 2.

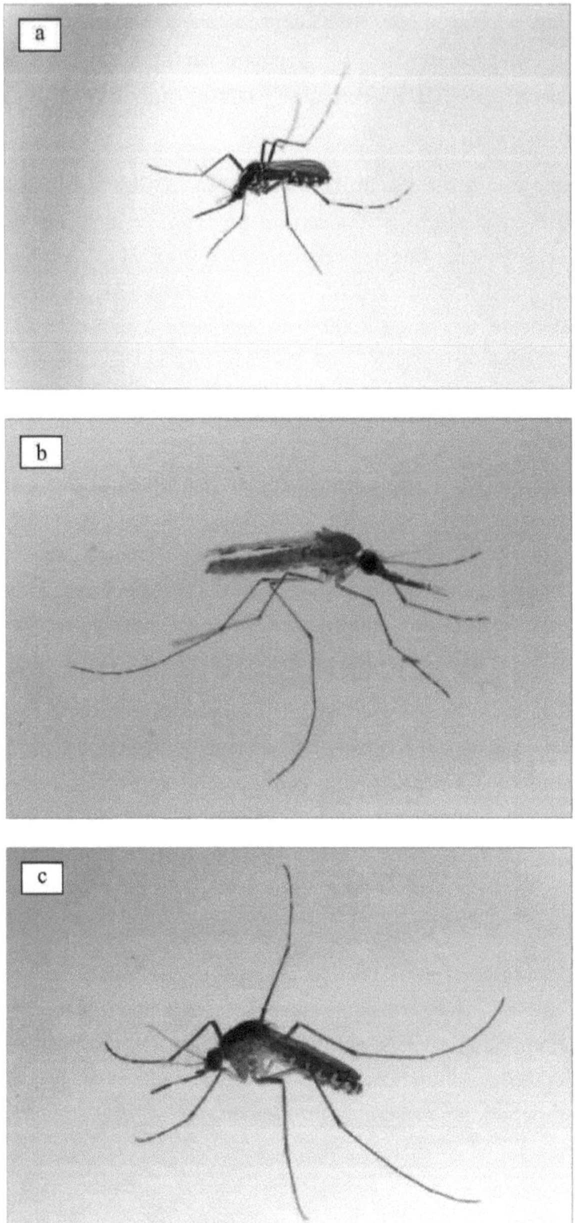

Figura 2. Os três mosquitos vectores comuns a) *Anopheles,* b) *Aedes,* c) *Culex.* Imagens fornecidas por Lam Phua SaiGek do Instituto de Saúde Ambiental, Singapura

Capítulo 2

Vectores da malária

1.1 Introdução

A malária é uma doença transmitida por mosquitos e causada pelo parasita protozoário *Plasmodium*. Existem muitas espécies de *Plasmodium* e sabe-se que infectam mamíferos, roedores, aves e répteis. Atualmente, são conhecidos cinco parasitas da malária que afectam os seres humanos, nomeadamente *Plasmodium falciparum, P. vivax, P. malariae, P. ovale* e P. *knowlesi* [17]. *O Plasmodium falciparum* é conhecido por causar uma elevada mortalidade, enquanto *o P. malariae* e *o P. ovale* causam uma forma ligeira da doença. Com o controlo do *P. falciparum*, a incidência do *P. vivax* aumenta geralmente. A nível mundial, os casos de malária foram drasticamente reduzidos e, em 2014, registaram-se cerca de 215 milhões de casos a nível mundial[18]. Muitos países estão a trabalhar no sentido da eliminação da malária e a Malásia é um deles. A Malásia tem como objetivo eliminar a malária até 2020.

Existe agora o quinto parasita da malária que afecta os seres humanos no Sudeste Asiático. Trata-se do *P. knowlesi*, um parasita da malária símia, que foi registado pela primeira vez num ser humano em 1965, na Malásia [19]. Em 2004, foi registado um grande foco de *P. knowlesi* em seres humanos em Kapit, Sarawak, no Bornéu da Malásia [20]. Desde então, foram notificados casos em todos os países do Sudeste Asiático, com exceção da RDP do Laos e de Timor-Leste (Figura 2) [21-30]. Atualmente, *o P knowlesi* constitui 38% dos casos de paludismo notificados na Malásia [1]. Os viajantes para o Sudeste Asiático também foram infectados e, quando regressaram ao seu país, a causa foi diagnosticada como *P. knowlesi* [28, 31-36].

Para além do *P. knowlesi*, outros parasitas da malária símia, como *o P. cynomolgi* e *o P. inui*, causaram infecções acidentais em laboratório [37]. No entanto, até à data, só foi registado um único caso de infeção natural por *P. cynomolgi* em Terengganu, na Península da Malásia [38].

Apenas os mosquitos *Anopheles* são vectores da malária. O controlo dos vectores da malária baseia-se na biologia e no comportamento dos *Anopheles* [39]. O Sudeste Asiático tem o maior número de vectores [40].

Reid, na Malásia, realizou um trabalho exaustivo sobre a taxonomia e a biologia dos vectores da malária antes da década de 1960 [41]. Seguiram-se trabalhos de outros [42-

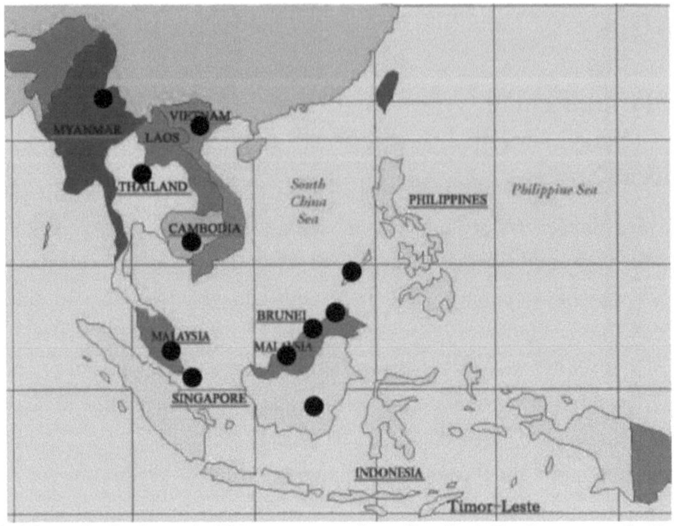

Figura 3. Mapa do Sudeste Asiático mostrando a distribuição dos casos de *P. knowlesi*

- O ponto preto representa os casos de *P knowlesi*

46]. Neste capítulo, serão apresentados os estudos mais recentes sobre os vectores da malária, incluindo os vectores da malária knowlesi. Serão também discutidas as estratégias passadas e actuais utilizadas para o controlo da malária.

2.2 *Anopheles* vectores

Existem aproximadamente 424 espécies de mosquitos *Anopheles* em todo o mundo, mas apenas 70-80 espécies são vectores [47]. Na Península da Malásia, os mosquitos *Anopheles* que foram incriminados como vectores da malária são: *An. maculatus* nas zonas montanhosas; *An. campestris* e *An. epiroticus* nas zonas costeiras; *An. letifer* na parte norte de Selangor [41, 42]. *Anopheles balabacensis* e *An. flavirostis* em Sabah [48] e *An. latens* e *An. donaldi* em Sarawak [49].

2.2.1 Colonização de **Anopheles** *em laboratório*

De um modo geral, é difícil colonizar os mosquitos *Anopheles* em laboratório. *O Anopheles maculatus* foi colonizado com êxito em laboratório através de acasalamento artificial [50]. Mesmo depois de muitas gerações no laboratório, é impossível conseguir que estes mosquitos acasalem por si próprios. Isto talvez se deva ao facto de a enxameação de *An. maculatus* ter sido observada a cerca de 4,5-6 metros acima do solo [41]. Por outro lado, foi difícil colonizar *o An. balabacensis* porque ele não se alimenta de animais humanos ou de laboratório [51].

No entanto, recentemente, *o An. cracens* (estirpe de Kuala Lipis e estirpe de Perlis) foi colonizado com êxito [52]. A estirpe Perlis foi mantida em laboratório na Tailândia durante muitos anos e, por conseguinte, podia acasalar por si própria. No entanto, a estirpe Kuala Lipis de *An. cracens* tinha de ser acasalada artificialmente em cada geração [52]. Também preferiam alimentar-se de hamsters em comparação com outros animais de laboratório e uma maior percentagem dos ovos (87,3%) postos pela quinta geração das fêmeas eclodiu. A colonização dos mosquitos *Anopheles* é importante porque fornecerá informações fundamentais para estudos genéticos e será útil para avaliar a suscetibilidade comparativa ao *Plasmodium* e a outros parasitas, bem como a suscetibilidade aos insecticidas.

1.1.1 Bionomia vetorial

Na Península da Malásia, *o An. maculatus* tem sido o vetor predominante da malária humana [41, 42]. No entanto, ao longo do tempo e com a introdução de mosquiteiros tratados com inseticida para controlo, as horas de picada deste mosquito mudaram de alimentadores noturnos para picadores precoces [44]. Em Sabah, *o An. balabacensis* era o vetor predominante, com o pico de picadas entre as 24h00 e as 04h00 [48]. No entanto, em 2002, verificou-se que *o An. donaldi*, um mosquito da floresta, era o vetor predominante na zona de Kinabatangan, em Sabah, e era positivo para esporozoítos [53]. Foi observada uma situação semelhante em Sarawak quando a floresta foi desarborizada para plantação. *O Anopheles latens* foi deslocado e *o An. donaldi* foi encontrado em maior número e foi positivo para esporozoítos [54].

A capacidade vetorial (CV) dos mosquitos é uma medida da eficiência das doenças transmitidas por vectores. A fórmula foi proposta por Garret Jones [55]. Pode ser obtida através do produto do número de picadas por pessoa por dia [taxa de picadas no homem (*ma*)], do número de picadas por dia por cada mosquito fêmea [hábito de picar no homem (*a*)] e da expetativa de vida infecciosa de um mosquito, de tal forma que [p^n /-ln(p)]. A fórmula para VC= (ma)a p^n / -log e^p

Assim, para calcular a capacidade de vectorização, é importante dissecar todos os mosquitos e determinar o seu estado de paridade. Assim, é necessário examinar os ovários. A taxa de paridade dos mosquitos e a capacidade de vectorização fornecem dados mais completos e significativos a um estudo, em comparação com a simples comunicação das taxas de picada humana. Os resultados de estudos mais antigos podem ser comparados com estudos recentes. A taxa de picadas de mosquitos

humano pode ser elevado, mas se a maioria dos mosquitos for nulípara (recém-emergida), não será capaz de transmitir a doença. Por outras palavras, as medidas de controlo estão a funcionar.

Outro aspeto importante é a taxa de esporozoítos. Os esporozoítos são a fase infecciosa do parasita da malária que é transmitida ao hospedeiro humano a partir das glândulas salivares do vetor *Anopheles*. Dissecando cada mosquito *Anopheles* e examinando a glândula salivar, é possível calcular a taxa de esporozoítos e também obter a taxa de inoculação entomológica (EIR). Assim, o risco de contrair malária será conhecido. Um mosquito só é considerado infecioso se estiverem presentes esporozoítos. O mosquito com oocistos no intestino médio é considerado infetado. A figura 4 mostra o intestino médio e as glândulas salivares de um mosquito infetado.

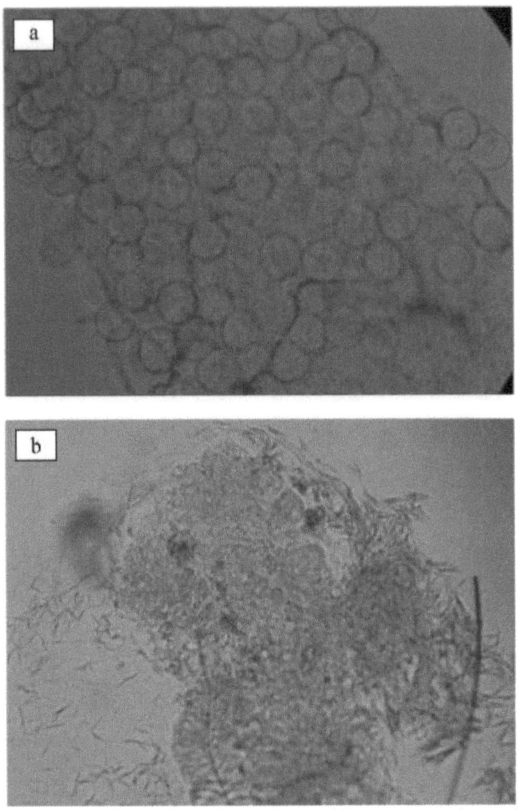

Figura 4. Órgãos do mosquito infetado a) intestino médio com oocistos. b) glândula salivar com esporozoítos.

No entanto, os esporozoítos não podem ser identificados morfologicamente ao microscópio. O método ELISA foi desenvolvido para identificar os esporozoitos dos quatro parasitas da malária humana [56]. Atualmente, podem ser utilizadas ferramentas moleculares para a identificação dos esporozoítos até à espécie [57, 58]. Assim, ao dissecar os mosquitos, apenas um par de glândulas salivares deve ser montado e examinado ao microscópio (*40). Se o resultado for positivo, o outro par de glândulas deve ser examinado em álcool absoluto para que a PCR possa ser efectuada no laboratório. Esta é uma opção muito mais económica do que submeter todos os mosquitos *Anopheles* à PCR, que pode ser dispendiosa.

1.2 Vectores de parasitas da malária símia

Quando o primeiro caso de *P. knowlesi* foi registado em Pahang, na Malásia peninsular, em 1965, os cientistas americanos, juntamente com os seus homólogos malaios do Instituto de Investigação Médica de Kuala Lumpur, efectuaram estudos exaustivos para determinar e incriminar os vectores da malária símia. Não conseguiram encontrar o vetor em Pahang, mas incriminaram *o An. hackeri* como o vetor da *P knowlesi* [59]. *O Anopheles hackeri* foi também incriminado como o vetor de todas as outras malárias símias dos macacos de cauda longa: *P coatneyi, P. cynomolgi, P. inui* e *P fieldi* [60]. *O Anopheles hackeri* só foi atraído pelos macacos e não chegou a picar seres humanos. No estado de Perlis, no norte do país, *o An. balabacensis* (atualmente conhecido como *An. cracens)* foi positivo para *P inui* [61]. Uma vez que não existiam ferramentas moleculares nessa altura, os esporozoítos foram inoculados em macacos rhesus para determinar a espécie. Devido ao facto de *o An. hackeri* picar apenas macacos, concluíram que a malária símia permanecerá nos macacos e não será transmitida aos seres humanos [62].

No entanto, em 2004, Singh e colaboradores [20] relataram um grande foco de casos de *P. knowlesi* em Kapit, Sarawak, Bornéu da Malásia. Estudos entomológicos efectuados em Kapit incriminaram *o An. latens* como sendo o vetor da *P. knowlesi* [63, 64]. Também foi considerado positivo para os outros quatro parasitas da malária símia [65].

O Anopheles latens foi encontrado a picar à noite, a partir das 18.00 horas, e foi o único mosquito incriminado como vetor nessa área. Nas armadilhas com isco para macacos, preferiu picar os macacos ao nível da copa das árvores do que ao nível do solo [63]. Embora *o An. latens* também tenha sido encontrado na aldeia, nenhum deles foi positivo para esporozoítos. Durante esse estudo, foi identificada uma nova espécie de *Anopheles*, *An. kokhani* [66], que recebeu o nome do Diretor do Instituto de Medicina (Dr. Ng Kok Han) pela sua contribuição e dedicação ao Instituto. No entanto, a espécie não foi positiva para nenhum parasita.

Em 2008, foi também estabelecido que *a P. knowlesi* não estava apenas presente em Sarawak, mas também em Sabah e na maioria dos estados da Península da Malásia [21, 24]. Kuala Lipis em Pahang teve o maior número de casos de *P. knowlesi* e, por isso, foram realizados estudos neste distrito e *o An. cracens* foi incriminado como o vetor de *P. knowlesi* [24]. *O Anopheles cracens* foi considerado positivo para esporozoítos ou oocistos na orla da floresta, bem como no pomar de fruta, mas não na aldeia [67]. Este mosquito estava a picar no início da noite, das 19h00 às 21h00. Neste local, *o An. cracens* foi o mosquito predominante, com 63,2%, em comparação com *o An. maculatus* (19,6%). *O Anopheles cracens* foi atraído pelos macacos em armadilhas com isco ao nível do solo e a três metros acima do solo, das 19h00 às 00h00, e ao nível da copa das árvores, a seis metros, das 00h00 às 05h00. Este mosquito foi mais atraído por humanos do que por macacos (rácio macaco/humano 1:2,6) [67]. Os tipos de armadilhas de plataforma com isco para macacos utilizados são apresentados na Figura 5. Uma vez construídas, estas plataformas são permanentes e não podem ser deslocadas para vários sítios. Assim, é difícil efetuar recolhas a várias distâncias na floresta. Propomos que, no futuro, a armadilha com isco para macacos seja içada através de um sistema de roldanas e, em seguida, seja pendurada uma armadilha luminosa por baixo da armadilha com isco para macacos. Assim, os mosquitos atraídos pelos macacos serão capturados na armadilha luminosa, como mostra a Figura 5 c.

No estado de Selangor, na costa ocidental da Península da Malásia, o distrito de Hulu Selangor registou o maior número de casos de *P. knowlesi* [68]. Aqui, *o An. introlatus* foi incriminado como o vetor e o pico de picadas foi entre as 19h00 e as 21h00. Neste estudo, o mosquito predominante foi o *An. maculatus*, que representou 49,5%, seguido do *An. letifer* (13,1%) e do *An. introlatus* (11,6%) da população de mosquitos. O *An. introlatus* teve uma taxa de parição elevada de 65,5% e a capacidade de vectorização foi de 1,94.

Atualmente, Sabah tem o maior número de casos de *P. knowlesi*, e estes casos ocorrem em zonas onde os casos de malária humana são baixos [69, 70]. Sabe-se que *a P. knowlesi* é uma doença potencialmente fatal [21, 30] e Sabah registou um número bastante elevado de mortalidade por malária devido à *P. knowlesi* [71].

Assim, foi efectuado um estudo na parte norte de Sabah, na zona continental de Kudat e na ilha de Banggi. Na ilha de Banggi, os locais situavam-se na floresta e numa zona de agricultura em pequena escala, enquanto em Kudat se situavam perto da aldeia. Estes ecotipos eram representativos do distrito de Kudat. *O Anopheles balabacensis* foi o mosquito predominante em todos os locais de estudo e constituiu 95,1% da coleção [72]. O mosquito

Figura 5. Plataformas para armadilhas com isco para macacos.

a) Armadilhas de rede iscadas com macacos numa plataforma em Sarawak. b) Armadilha de rede numa plataforma em Pahang. c) Um novo método de recolha dos mosquitos atraídos pelos macacos. Sistema de roldanas para içar a gaiola que contém os macacos e armadilhas luminosas penduradas por baixo da gaiola para capturar os mosquitos.

A densidade de esporozoítos foi mais elevada na aldeia do que na floresta e na exploração agrícola, mas as taxas de esporozoítos foram mais elevadas na floresta e na exploração agrícola do que na aldeia [72]. Os locais de recolha na ilha de Banggi e no continente de Kudat, em Sabah, são apresentados na Figura 6.

Figura 6. Locais de recolha na ilha de Banggi e na parte continental de Kudat, Sabah

a) Timbang Dayang, terra de cultivo. b) Limbuak Laut 500 metros para dentro da floresta. c) e d) Aldeia de Paradason em Kudat continental.

O Anopheles balabacensis foi incriminado como vetor da malária humana na década de 1950 [73, 74], o que foi reforçado com estudos exaustivos na década de 1980 [48, 75-77]. Atualmente, está confirmado como o vetor de toda a malária zoonótica e as taxas de picada foram muito mais elevadas do que as anteriormente comunicadas (6,9 a 8,8 /noite em comparação com 0,75 a 4,44) [72].

Todos os mosquitos que foram incriminados como vectores da malária símia pertencem ao grupo Luecosphyrus. Este grupo de mosquitos é constituído por três subgrupos (Leucosphyrus, Hackeri e Riparis) e o subgrupo Leucosphyrus é constituído por dois complexos Leucosphyrus e Dirus [78]. A maioria das espécies pertencentes a este grupo são vectores eficazes da malária humana [40, 79-82] e estão presentes no Sudeste Asiático.

A malária símia é um parasita que vive na Ásia e se estende até Taiwan, encontrando-se também na região ocidental inferior da Índia e no Sri Lanka [78]. Os parasitas da malária símia, juntamente com os seus hospedeiros e vectores naturais no Sudeste Asiático, são apresentados no Quadro 2.

Tabela 2. Espécies de *Plasmodium* de primatas não humanos no Sudeste Asiático: seus hospedeiros e vectores associados

Plasmodium species	Natural hosts	Vectors
P. knowlesi	Macaques (*M. fascicularis, M. nemestrina*) *Pryesbytis melalophos*	*An. balabacensis, An. cracens, An. latens, An. introlatus, An. hackeri, An. dirus*
P. cynomolgi	Macaques (*M. fascicularis, M. nemestrina, M. radiata, M. cyclopis, M. sinica, M. mulatta*)	*An. balabacensis, An. introlatus, An. latens, An. cracens, An. hackeri, An. mirans*
P. inui	Macaques (*M. fascicularis, M. nemestrina, M. radiata, M. cyclopis, M. sinica, M. mulatta*)	*An. balabacensis, An. latens, An. hackeri, An. cracens, An. mirans*
P. coatneyi	*M. fascicularis*	*An. balabacensis, An. latens, An. hackeri*
P. fieldi	*M. fascicularis, M. nemestrina*	*An. introlatus, An. hackeri, An. cracens*
P. fragile	*M. radiate, M. sinica*	*An. mirans*
P. simiovale	*M. sinica*	

Com a desflorestação e a alteração do ambiente, a fauna de mosquitos *Anopheles* mudou. Os mosquitos do grupo Leucosphyrus eram principalmente mosquitos das florestas e não se encontravam frequentemente em zonas maléficas. No entanto, estudos recentes descobriram que estes mosquitos são predominantes na maioria das zonas [83]. Estes resultados são preocupantes para o programa de controlo da malária, especialmente agora que o país está a trabalhar para a eliminação da malária.

2.4 Análise histórica do controlo do vetor da malária na Malásia

No início de 1800, a força de trabalho em Penang foi afetada pela malária [84]. Um grande número de trabalhadores importados da Índia, da China e do Nepal, que estavam a desbravar terras para as plantações, morreram devido à malária [84]. A Malásia foi o primeiro país a utilizar trabalhos antilarvais, sob a direção do Dr. Malcolm Watson, para controlar a população de mosquitos [85]. Os projectos antilarvais centravam-se em técnicas de modificação ambiental, como a drenagem do subsolo para reduzir a reprodução do *An. maculatus,* a construção de diques ao longo das zonas costeiras para evitar o contacto da água do mar com a água doce, reduzindo assim os locais de reprodução do *An. epiroticus* (então conhecido como *An. sundiacus)* [84]. Sifões automáticos, comportas e embalagens de casca de coco foram algumas das técnicas de modificação ambiental utilizadas em Penang para eliminar a reprodução dos vectores *Anopheles* [84]. Alguns dos métodos de controlo anti-larvas são apresentados na figura 7.

Figura 7. Métodos de controlo das larvas. a) Pulverização de larvicidas, b). Eclusa para expulsar as larvas, c). Embalagem com casca de coco para evitar a reprodução de larvas *de Anopheles*

1.3 Programa de erradicação da malária

A Malásia iniciou um programa de erradicação da malária em 1967. Foram realizados estudos-piloto sobre a pulverização residual interna (IRS) de DDT em zonas costeiras onde *o An. campestris* e *o An. epiroticus* eram vectores. A pulverização residual em interiores foi bem sucedida na redução das densidades do vetor, uma vez que estes mosquitos entram nas casas e repousam nas paredes antes e depois de uma refeição de sangue. Assim, apanham DDT suficiente para serem mortos. Assim, foi introduzida a pulverização residual interna com DDT ($2g/m^2$) para controlar os vectores da malária.

Além disso, os trabalhos anti-larvares, a deteção ativa de casos, o diagnóstico e o tratamento ajudaram a reduzir o número de casos de malária no país.

O programa de erradicação da malária não conseguiu erradicar a malária do país, mas contribuiu para o declínio do número de casos de malária. Em 1983, o programa de erradicação foi alterado para controlo da malária e integrado com outras doenças transmitidas por vectores.

1.4 Redes de cama tratadas com inseticida para o controlo do vetor da malária

Os mosquiteiros tratados com inseticida (MTI) são eficazes na redução da mortalidade e da morbilidade da malária. Estes mosquiteiros proporcionam 17% de eficácia protetora (EP) em comparação com a ausência de mosquiteiros (taxa relativa 0,83, intervalo de confiança (IC) de 95% 0,76 a 0,90) e 23% de EP em comparação com mosquiteiros não tratados (taxa relativa 0,77, IC 95% 0,63 a 0,95). Podem ser salvas cerca de 5,5 vidas (IC 95% 3,39 a 7,67) por ano por cada 1000 crianças protegidas com MTI [86].

Estudos realizados em várias partes do mundo mostraram que os mosquiteiros impregnados de permetrina causaram reduções acentuadas no número de mosquitos *Anopheles* que picam os seres humanos [87-90], resultando numa redução de até 70% da morbilidade e mortalidade por paludismo [91]. Estes estudos foram efectuados na década de 1990.

Foi realizado um estudo em Pos Betau, Pahang Malásia, para avaliar o impacto dos mosquiteiros impregnados de permetrina sobre o *An. maculatus*, o principal vetor da malária na Península da Malásia. O estudo teve início em agosto de 1990 e terminou em julho de 1992. Pos Betau era uma área de reinstalação aborígene na selva secundária, a cerca de 150 quilómetros de Kuala Lumpur, a capital da Malásia. A área tinha 17 aldeias, principalmente ribeirinhas, com uma população de pouco mais de 1000 pessoas. Foram efectuados inquéritos prévios antes da introdução dos mosquiteiros tratados. O tratamento dos mosquiteiros é mostrado na Figura 8.

Figura 8. Tratamento dos mosquiteiros com insecticidas. a) embeber os mosquiteiros em permetrina, b) espremer o excesso de inseticida, c) secar os mosquiteiros colocando-os no chão

Nove das aldeias receberam redes mosquiteiras tratadas com permetrina (500mg/m^2), enquanto as outras oito aldeias receberam redes mosquiteiras tratadas com óleo mineral (placebo). Nas aldeias intervencionadas, antes da introdução dos mosquiteiros, a taxa de parasitismo do *An. maculatus* era de 62% e de 44% após a intervenção. A taxa de esporozoítos antes e depois do tratamento foi de 1,24% e 0,02%, respetivamente, e nas aldeias de controlo foi de 0,5 e 0,6. As picadas/homem/noite também diminuíram significativamente nas aldeias tratadas antes e depois do tratamento, enquanto nas aldeias de controlo houve uma redução, mas não significativa [44].

Na sequência deste estudo, em 1995, o Ministério da Saúde introduziu uma distribuição a nível nacional de mosquiteiros tratados com inseticida em todas as zonas maléficas do país [2]. Os casos de paludismo diminuíram em quase 84% de 1995 a 2004 [2]. Os MTI têm sido fundamentais para a redução dos casos de malária em geral. A utilização global de mosquiteiros tratados com inseticida evitou aproximadamente uma em cada cinco mortes infantis na África Subsariana [86].

A rede Olyset, que tem o inseticida diretamente incorporado nas fibras de polímero (antes de tecer as redes), foi testada em laboratório e comparada com o monofilamento de polietileno e o multifilamento de nylon impregnado com permetrina. Após 15 lavagens, a mortalidade do *An. maculatus* foi de 85%, 83,3% e 26,7% na rede olyset, no nylon e no polietileno, respetivamente [92]. Além disso, foram também realizados outros estudos laboratoriais para testar a eficácia de diferentes insecticidas em comparação com a permetrina. Trata-se da ciflutrina [93], da lambdaciolatrina [94, 95], do entofenprox [96] e da deltametrina [97]. Estes insecticidas foram testados principalmente para que houvesse insecticidas de reserva no caso de os mosquitos desenvolverem resistência aos insecticidas. Os mosquiteiros impregnados na fábrica foram também testados e comparados com os mosquiteiros impregnados em laboratório [98]. Foi também avaliada a eficácia dos kits de imersão caseira para tratamento dos mosquiteiros [99]. Atualmente, na maioria dos países, estão a ser utilizados mosquiteiros tratados com inseticida de longa duração (LLIN) [100], por serem mais económicos e durarem muito mais tempo do que os mosquiteiros tratados normalmente.

1.5 Eliminação da malária na Malásia

Devido ao êxito do programa nacional contra a malária, em 2011 foi declarado que a Península da Malásia eliminaria a malária até 2015 e Sabah e Sarawak até 2020 [2]. Atualmente, *o P. knowlesi* é a espécie predominante, contribuindo para 38% dos casos em 2012. No entanto, *o P. knowlesi* é um parasita da malária símia e não está provada a ocorrência de infeção entre seres humanos através de picadas de mosquito. Assim, *o P. knowlesi* não é considerado para a eliminação da malária.

No entanto, como já foi referido, os mosquitos *Anopheles* mudaram os seus hábitos e horários de picada. Estão a picar ao ar livre e no início da noite [83, 101]. É preciso lembrar também que *o An. latens* e *o An. balabacensis* são igualmente vectores da malária humana [48, 49]. Estes mosquitos são atualmente predominantes e qualquer caso importado de malária que chegue à zona pode causar uma epidemia. Estima-se que cerca de 1,9 milhões de trabalhadores estrangeiros se encontravam no país em meados da década de 2000 e que os casos importados representavam cerca de 20% [2].

Na Península da Malásia, *o An. maculatus* foi a espécie vetorial predominante em estudos anteriores [41]. No entanto, o grupo de mosquitos Leucosphyrus parece ser predominante em alguns estudos recentes [83]. Em muitas zonas do país, os vectores da malária símia permanecem desconhecidos.

1.6 Desafios enfrentados pelo controlo da malária e o caminho a seguir

Com a desflorestação, a alteração do ambiente, as temperaturas mais elevadas, a presença de macacos e as alterações na distribuição dos vectores, é importante mapear os vectores utilizando novas ferramentas como o ArcGis, como foi feito na Tailândia [102]. Isto fornecer-nos-á informações que serão úteis para o país que está a tentar eliminar a malária. Pelo menos, as zonas de risco de paludismo podem ser determinadas e os esforços podem ser concentrados nessas zonas.

Foi demonstrado que os macacos de cauda longa estão fortemente infectados com múltiplos parasitas símios [103-105]. A distribuição dos parasitas da malária símia em diferentes países é apresentada no Quadro 3.

Os mosquitos vectores picam tanto os seres humanos como os macacos [63, 67]. Em laboratório, demonstrou-se que *o P. cynomolgi* e *o P. inui* podem ser transmitidos aos seres humanos através de picadas de mosquito [37]. Assim, com a eliminação dos humanos, existe a possibilidade de os humanos serem infectados por estes parasitas da malária símia.

Devido à natureza das espécies de vectores, sabe-se que as actuais estratégias de controlo da pulverização e dos MTI não serão eficazes para controlar as densidades de vectores. É necessário investigar outras ferramentas para o controlo dos vectores.

O reforço das capacidades é uma componente importante do controlo dos vectores. Faltam no país taxonomistas especializados em mosquitos e este problema deve ser resolvido. Por conseguinte, é importante, atualmente, codificar todos os mosquitos com códigos de barras.

Quadro 3. Resumo da distribuição de parasitas da malária símia

Study Area	Pk	Pcy	Pin	Pct	Pfi	Year
Hulu Selangor, Peninsula Malaysia	61.8	52.9	67.7	47.1	-	2015
Kapit, Sarawak, Malaysian Borneo	78	56	82	66	4	2011
Singapore	68.2	66.6	1.5	3	16.7	2011
Kuala Lipis, Peninsula Malaysia	13.7	-	-	-	-	2008
Selangor State	23.3	-	-	-	-	2010
Thailand	5.6	-	38.9	16.7	-	2010
Indonesia	3.2	-	-	-	-	2007

Nota: Pk= *P. knowlesi*, Pcy= *P. cynomolgi*, Pin= *P. inui*, Pct= *P. coatneyi* e Pfi= *P. fieldi*, (-)= não reportado, (+)= positivo. Adotado de Akter et al 2015 [105]. Todos os valores estão em %.

Na Malásia, a recolha de mosquitos *Anopheles* é feita por meio de capturas humanas (Figura 9). Até à data, este tem sido o método mais bem sucedido em comparação com outros métodos [106]. É importante experimentar vários atractivos e armadilhas para capturar os *Anopheles*. É igualmente importante determinar os habitats de repouso destes mosquitos. Se os habitats de repouso puderem ser detectados, poderá ser possível controlar estes mosquitos nos locais de repouso, talvez utilizando iscos de açúcar tóxicos e atractivos.

Figura 9. Capturas de desembarque humano num local de campo.

É também pertinente estudar a suscetibilidade dos mosquitos predominantes aos parasitas da malária humana. Um mosquito secundário pode tornar-se um vetor importante na ausência do vetor primário. As viagens aéreas tornaram-se acessíveis e, por isso, é fácil para as pessoas de países endémicos trazerem os parasitas. Os trabalhadores migrantes da Indonésia, do Bangladesh, da Índia, do Camboja, de Myanmar e os estudantes de África e do Médio Oriente atravessam o país e podem transportar consigo os parasitas. Assim, este país tornar-se-á um cadinho para muitos genótipos de parasitas da malária. Basta que um mosquito vetor faça uma única refeição de sangue infetado para causar um surto, como aconteceu em Singapura [107]. Se o vetor não for conhecido, será muito difícil conter a doença. Num país como a Malásia, a importação de casos por migrantes continua a ser um grande desafio.

Capítulo 3

Dengue, chikungunya e seus vectores

3.1 Introdução

Atualmente, a dengue é a doença viral transmitida por artrópodes mais importante que afecta os seres humanos nos países tropicais e subtropicais. O número de casos de dengue notificados aumentou exponencialmente desde 2007. Atualmente, estima-se que 2,5 mil milhões de pessoas em 100 países estejam em risco [3]. No Sudeste Asiático, a dengue surgiu como um problema de saúde pública durante e após a Segunda Guerra Mundial [108]. Na Malásia, a dengue foi registada pela primeira vez no estado de Penang, no norte do país, em 1902 [4]. Ocorreram epidemias de dengue em 1973, 1982 e 1998 [109]. No entanto, o número de casos notificados na Malásia é atualmente superior à mediana de 2009-2013. Nos últimos anos, as epidemias de dengue parecem ocorrer no estado central de Selangor, na Península da Malásia. A morbilidade da dengue quadruplicou e a mortalidade quintuplicou [6].

O vírus Chikungunya (CHIKV), um alfavírus da família Togaviridae, foi notificado pela primeira vez na Tanzânia em 1952 e, mais tarde, registaram-se surtos esporádicos na Ásia e em África [110]. Na Malásia, foram registados baixos níveis de seroprevalência em populações humanas já na década de 1960 [7]. No entanto, o CHIKV só foi notificado e identificado pela primeira vez durante um surto em Klang em 1998 [8]. Seguiu-se um surto em Bagan Panchor, uma aldeia piscatória no estado de Perak, em 2006 (genótipo asiático) [111]. Um terceiro surto ocorreu em Ipoh (também no estado de Perak) em 2006, causado pelo genótipo do Leste/Centro/Sul de África (ECSA) [10, 11]. O primeiro grande surto do genótipo ECSA do CHIKV ocorreu na Malásia entre 2008 e 2010, afectando 10 000 pessoas [12]. Assim, há dois genótipos de CHIKV a circular na Malásia.

Estas duas doenças são transmitidas pelos mosquitos *Aedes. O Aedes aegypti* (que pode ser facilmente reconhecido pela marca em forma de lira no tórax Figura 10) é o principal vetor do vírus da dengue e *o Ae. albopictus* (com uma única banda no tórax) do CHIKV. No entanto, ambos podem transmitir os dois vírus. Para além destas duas doenças virais, estes dois mosquitos podem também transmitir o vírus Zika [112, 113], que é igualmente um flavivírus. Atualmente, existe um grande surto na América do Sul, particularmente no Brasil [114]. *O Aedes aegypti* foi detectado pela primeira vez como positivo para o vírus Zika em

uma loja em Bentong, Pahang, Malásia, em 1966 [115]. Na ausência de uma vacina e de medicamentos adequados para o tratamento da dengue, do CHIKV e do vírus Zika, o controlo dos vectores continua a ser o principal instrumento de prevenção destas doenças.

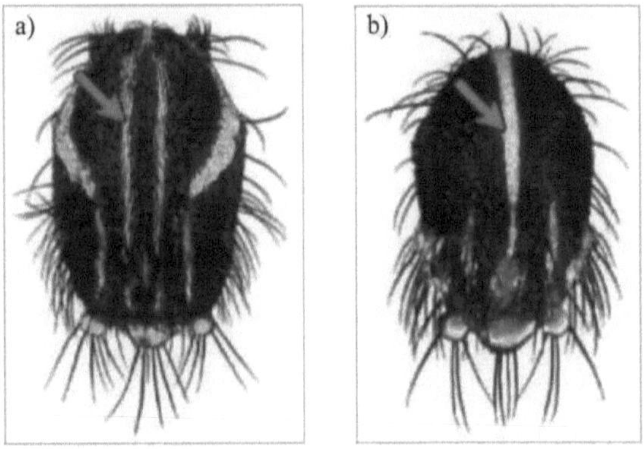

Figura 10. Tórax de: a) *Ae. aegypti,* b) *Ae. albopictus.*

3.2 Biologia dos vectores

A biologia destas duas espécies de mosquitos torna-as vectores eficientes. Estes mosquitos são criadores de contentores. *O Aedes aegypti* reproduz-se em recipientes artificiais feitos pelo homem, como banheiras, jarros, tambores, vasos de flores, caleiras de telhado, e *o Ae. albopictus* reproduz-se nesses recipientes, bem como em buracos de árvores, axilas de folhas, cepos de bambu e outros recipientes naturais que contenham água (figura 11). Os ovos destes mosquitos são postos individualmente (Figura 12) e podem resistir à dessecação. Os ovos são facilmente dispersos quando os recipientes são transportados de um sítio para outro pelos seres humanos.

Sabe-se que *o Ae. aegypti* se reproduz numa variedade de micro-habitats e numa série de condições da água, desde águas límpidas a águas altamente contaminadas [116, 117]. Em estudos de campo, foi demonstrado que a água de poço que continha *Acinitobacter anitratus* tinha o maior número de ovos tanto para *Ae. aegypti* como para *Ae. albopictus* [117]. Estudos realizados por [118] mostraram que *o Ae. aegypti* preferia água que continha este género de bactérias. Outras observações mostraram também que estes dois mosquitos preferem reproduzir-se em água clara, mas não necessariamente limpa [119, 120].

Figura 11. Locais de reprodução do *Aedes* a) contentores não desejados, b) pneus.

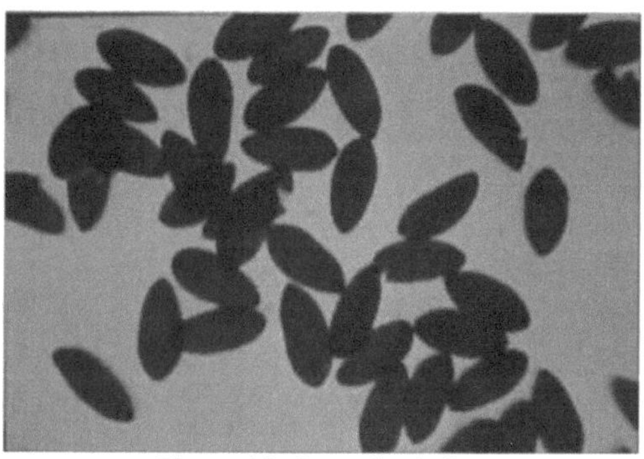

Figura 12. Ovos de *Aedes.*

Ambos são mosquitos que picam durante o dia. *O Aedes aegypti* é muito antropofágico, enquanto *o Ae. albopictus* é um alimentador mais generalista. No entanto, estudos recentes mostraram que *o Ae. albopictus* também é antropofágico [121]. O ciclo gonotrófico dos mosquitos *Aedes* é curto, entre 2-3 dias [122]. *O Aedes aegypti* é facilmente perturbado durante a alimentação, pelo que toma várias refeições de sangue durante um ciclo gonotrófico [123].

Sabe-se também que um *Ae. aegypti* infetado demora mais tempo a alimentar-se e, por conseguinte, é capaz de disseminar o vírus a vários hospedeiros durante uma refeição de sangue [124]. Os mosquitos *Aedes* põem pelo menos cerca de 80 ovos de cada vez. *O Aedes aegypti* demonstra que salta a oviposição [125] ao distribuir os seus ovos em vários recipientes durante a oviposição. O ciclo de vida completo, do ovo ao adulto, dura cerca de 9-10 dias. No entanto, a temperaturas mais elevadas, será mais curto [126].

O Aedes aegypti repousa principalmente dentro de casa em objectos temporários, como roupas, cortinas e mobiliário ou outros artigos semi-permanentes [127]. *O Aedes aegypti* tem um raio de ação muito curto. Estudos realizados na Tailândia mostraram que o mosquito permanece principalmente no interior das casas e viaja entre 28-199 metros a partir do local onde é libertado [128]. thNo entanto, estudos realizados em Singapura mostraram que *o Aedes* pode dispersar-se até 320 metros do seu ponto de libertação e também quando a libertação foi efectuada no 12° andar de um bloco de apartamentos de 21 andares, ambas as espécies se dispersaram facilmente para o topo e a base do bloco [129].

3.3 Vigilância e gestão dos vectores

O índice de alojamento *do Aedes* e o índice de Breteau têm sido a marca registrada da vigilância *do Aedes* há muito tempo. Os métodos utilizados para a vigilância serão discutidos.

3.3.1 Estudos larvares

As prospecções convencionais de larvas casa a casa estão em funcionamento há muito tempo em Singapura e na Malásia para a vigilância e o controlo de mosquitos que se reproduzem em contentores [130, 131]. Houve uma redução da população de *Ae. aegypti* na década de 1990 em comparação com a década de 1980, talvez devido a programas de controlo de vectores e ao fornecimento de água canalizada. Na década de 1980, o índice de domicílios *do Aedes* variou de 4,7 a 58,8% [131], enquanto na década de 1990 o índice variou de 0,1 a 6,9% [132]. Um relatório mais recente afirma que o índice variou de 1,5 a 2% [6]. Os inquéritos sobre larvas e a redução das fontes têm sido a marca do programa de controlo da dengue na Malásia. No entanto, o limiar de densidade do vetor necessário para a transmissão da dengue é desconhecido na Malásia. Nas grandes cidades e vilas da Malásia, o governo local é responsável pela execução das actividades de controlo. No entanto, as autoridades locais não dispõem dos conhecimentos especializados nem da vontade política para levar a cabo estas actividades, dando assim origem a epidemias [133].

3.3.2 Larvicida para controlo do Aedes

A larvicida com temefós (Abate 1% sg) tem sido a dosagem recomendada pelo Ministério da Saúde. No entanto, estudos recentes mostraram que *o Ae. aegypti* e *o Ae. albopictus* estão a desenvolver resistência ao temefos [134-137]. Para além da Malásia, estudos realizados na Tailândia [138, 139] e no Camboja [140] revelaram o desenvolvimento de resistência por parte destas duas espécies de vectores.

Uma vez que se verificou o desenvolvimento de resistência nos mosquitos *Aedes*, era essencial avaliar insecticidas alternativos. Assim, foi realizado um estudo para avaliar a eficácia residual da piriproxifena contra os vectores da dengue ao longo do tempo em condições laboratoriais e de campo. No estudo de laboratório, observou-se que a piriproxifena foi altamente eficaz contra o *Ae. aegypti* durante 4 meses (16 semanas), mesmo com reposição de água, enquanto no ensaio de campo a piriproxifena foi eficaz contra *o Ae. albopictus* durante 10 semanas, com reposição diária ou semanal de água [141]. É evidente que a piriproxifena parece ser altamente eficaz contra o *Aedes* sp. que se reproduz em contentores. Estudos efectuados por [142] e Nayar et al. [143] com a mesma formulação de piriproxifena também comunicaram uma eficácia total contra o *Ae. aegypti* e *o Ae. albopictus* durante 6 semanas em recipientes de plástico colocados ao ar livre. Assim, a piriproxifena constitui uma boa alternativa aos insecticidas atualmente utilizados.

3.3.3 Nebulização e ULV para controlo do Aedes

A nebulização é normalmente realizada quando são notificados casos, de modo a quebrar a cadeia de transmissão ou quando o índice de *Aedes* é elevado para reduzir a densidade do vetor [144]. Os insecticidas utilizados para a nebulização são principalmente os piretróides e os organofosforados. Os piretróides são utilizados em máquinas de nebulização, enquanto os organofosforados são utilizados em máquinas de ultra baixo volume (ULV). A nebulização ULV é efectuada quando há uma epidemia, uma vez que consegue cobrir uma área maior. O malatião concentrado a 96% foi utilizado para a nebulização a ULV e provou ser mais eficaz do que os piretróides [145]. No entanto, foi demonstrado que a VLU não é capaz de matar todos os mosquitos, uma vez que as gotículas são transportadas apenas até à sala de estar [146-148]. A nebulização extensiva e a ULV (Figura 13) são geralmente realizadas durante as epidemias para agradar ao público e mostrar que estão a ser tomadas medidas para conter a epidemia [149]. No entanto, não há provas conclusivas de que a pulverização espacial tenha sido capaz de reduzir a transmissão da dengue [149].

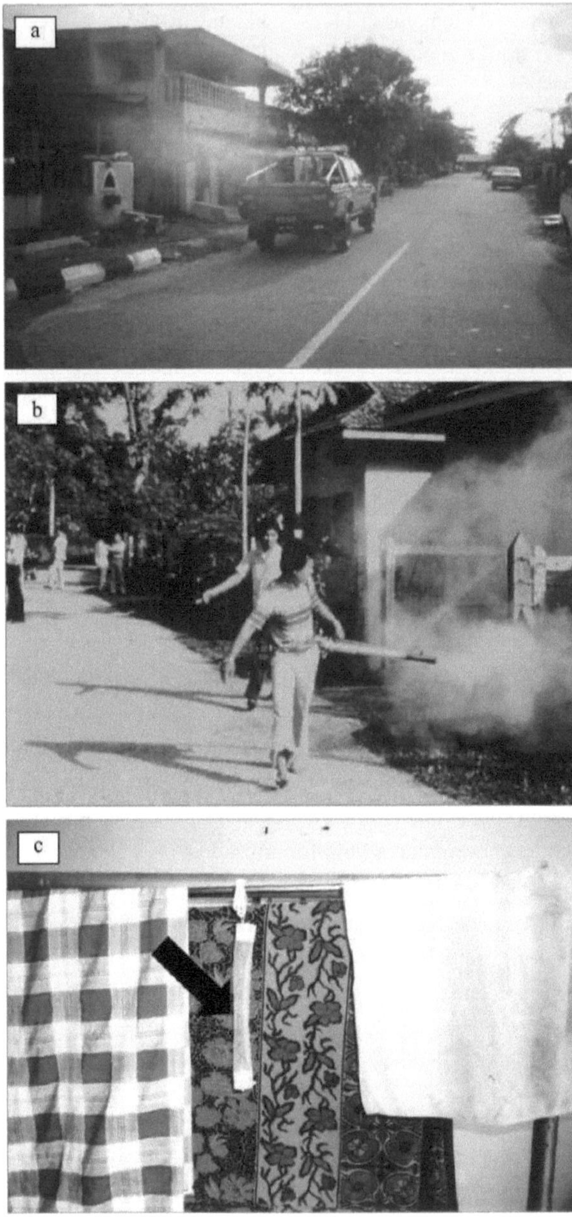

Figura 13. Actividades de ULV e de nebulização. a) ULV, b) nebulização, c) gaiola de mosquitos pendurada no interior da casa para testar a eficácia da ULV ou da nebulização. A seta preta mostra a gaiola.

No nosso país vizinho, Singapura, um estudo demonstrou a eficácia da nebulização térmica no exterior, combinada com a nebulização ULV no interior e a redução da fonte, no controlo do surto de chikungunya vectorizado por *Ae. albopictus* [150]. Surgiu no mercado uma nova conceção inovadora de recipiente com um mecanismo de libertação contínua. O teste de campo num apartamento revelou a sua eficácia no combate aos mosquitos de interior. Assim, tem potencial para complementar as aplicações de ULV em interiores [151].

A pulverização residual em interiores, que tem sido utilizada principalmente para o controlo da malária, está agora a ser testada para o controlo da dengue. Ensaios realizados com o actélico, um inseticida organofosforado, mostraram que a eficácia residual era efectiva durante 11 semanas nas superfícies das paredes [152]. De forma semelhante, no México e na Venezuela, foi demonstrado que cortinas tratadas com insecticidas eram capazes de reduzir a densidade do *Aedes* quando utilizadas pela comunidade [153].

A resistência aos insecticidas é outra preocupação. Muitos países demonstraram que *o Ae. aegypti* é resistente aos piretróides [154, 155]. Contudo, na Malásia, estudos limitados mostraram que *o Ae. aegypti* está a desenvolver resistência aos piretróides [156, 157]. As opções de insecticidas no arsenal para o controlo da dengue são limitadas, pelo que é necessário ser criterioso na utilização dos insecticidas.

3.3.4 Educação para a saúde

A oferta de educação sanitária ao público tem sido uma das principais actividades dos departamentos de saúde na Malásia. A educação sanitária tem sido uma das principais actividades dos departamentos de saúde na Malásia, sob a forma de folhetos, faixas, informação através da rádio, estações de televisão locais e palestras de profissionais de saúde pública à comunidade. A comunidade parece ter um papel ativo apenas durante as epidemias. Cuba é um país que teve um programa bem sucedido e conseguiu controlar o *Ae. aegypti* após a primeira epidemia maciça de dengue em 1981 [158]. Taiwan é outro país que teve um bom desempenho no controlo das epidemias de dengue em 1981 e 19871988. Desde então, o país tem estado livre de grandes surtos. A sua abordagem foi do topo para a base [159]. Também Singapura teve um programa de controlo da dengue bem sucedido até 1990, em que os inspectores de saúde participaram na pesquisa de larvas de casa em casa [130, 160]. Tal como Taiwan, Singapura também adoptou uma abordagem de cima para baixo no programa de controlo da dengue.

3.4 Novos paradigmas para a vigilância e o controlo dos vectores *do Aedes*

Os inquéritos larvares casa a casa têm sido a marca do programa de controlo da dengue na Malásia desde o seu início na década de 1970. Este método funcionou obviamente nas décadas de 1970 e 1980, porque o índice de *Aedes* foi reduzido ao longo dos anos. A variação foi de 54,2 a 0,5 [6, 131]. No entanto, os índices larvários não têm correlação com os casos de dengue [161]. Assim, é oportuno visar o mosquito adulto, uma vez que só o mosquito adulto infetado pode transmitir o vírus.

Os mosquitos *Aedes* adultos em repouso podem ser apanhados utilizando o aspirador de mochila do CDC. Este método seria útil para a recolha de mosquitos no interior das habitações. No entanto, este método pode ser trabalhoso e intrusivo. Depende também da competência do trabalhador.

As armadilhas luminosas não têm sido eficazes para a recolha de mosquitos *Aedes*, uma vez que não são atraídas pela luz e, por conseguinte, são ineficazes para a vigilância do *Aedes* [162]. No entanto, a armadilha BG-Sentinel (BGS) é eficaz para a recolha tanto de *Ae. aegypti* como de *Ae. albopictus* [162-165]. A BGS pode ser utilizada como instrumento de vigilância, mas o principal problema é o seu custo. É demasiado caro para ser utilizado por países do terceiro mundo onde a dengue, a chikungunya e, atualmente, o zika são problemas importantes. Talvez possa ser utilizado de forma selectiva durante as grandes epidemias, a fim de fornecer um alerta precoce de um surto iminente.

3.4.1 Ovitrampas / Ovitrampas adesivas

A armadilha pegajosa é uma ferramenta simples que tem uma superfície pegajosa capaz de recolher as fêmeas de mosquitos *Aedes* quando estas estão a ovipositar [166]. Antes da utilização de armadilhas adesivas, as ovitrampas eram utilizadas como um substituto para avaliar o número de adultos a partir do número total de ovos postos. Uma vez que se sabe que *o Ae. aegypti* apresenta uma oviposição saltitante, a densidade de adultos estimada a partir das ovitrampas pode não ser exacta [125].

As armadilhas adesivas foram utilizadas em muitos países para testar a sua eficácia [167-172]. Um estudo recente realizado em Selangor mostrou que o vírus foi detectado no *Ae. aegypti* antes de ser notificado um caso [173]. Os mosquitos capturados pelas armadilhas adesivas foram testados para detetar o vírus da dengue utilizando o kit de teste do antigénio NS1. A partir deste estudo preliminar, foi demonstrado que esta armadilha adesiva simples e o kit de antigénio NS1 servirão como um novo paradigma para a vigilância da dengue [173]. O kit de deteção do antigénio NS1 demonstrou ser tão eficaz como os métodos moleculares e os mosquitos que foram negativos utilizando o kit também foram negativos por RT-PCR em tempo real [174].

Em Singapura, utilizou-se a armadilha pegajosa Gravi para a gestão de grupos durante os surtos de dengue, tendo-se obtido mosquitos infectados [175]. Nas armadilhas mencionadas acima, a água de infusão de feno foi usada como um atrativo. No entanto, no Brasil, para além de utilizar inquéritos larvares, alguns municípios estão a utilizar a Monitorização Inteligente da Dengue (MI Dengue), que consiste na utilização da MosquiTRAP (uma armadilha pegajosa com um atrativo sintético), palmtops/telemóveis e software GIS (Geo-Dengue). Os índices de adultos são utilizados para a larvicida e a redução da fonte [176]. A armadilha adesiva deve ser amplamente testada para medir a sua eficácia como um novo paradigma para substituir as pesquisas larvárias casa a casa. A correlação entre a densidade de adultos *do Aedes* e os casos de dengue deve ser estabelecida.

3.4.2 Wolbachia

As Wolbachia são um grupo de bactérias intracelulares transmitidas por via materna e que se encontram na maioria dos artrópodes e nemátodos [177, 178]. *O Aedes albopictus* está naturalmente infetado com *Wolbachia*, ao passo que esta não existe no *Ae. aegypti*. Em muitos estudos, *a Wolbachia* foi transferida de hospedeiros naturais, como o *Ae. albopictus* e *a Drosophila melanogaster*, para outros vectores, como o *Ae. aegypti*, para suprimir doenças como a dengue [179-181]. Em 2011, foram realizados ensaios de campo na Austrália, onde foram libertados *Ae. aegypti* infectados *com Wolbachia* que tinham uma capacidade reduzida de transmitir o vírus da dengue [182]. A combinação da atividade de bloqueio da dengue e da rápida propagação devido à incompatibilidade citoplasmática (IC) levou os investigadores a sugerir que *a Wolbachia* pode ser utilizada para desenvolver novas estratégias de saúde pública para reduzir a morbilidade da dengue nos seres humanos [180, 183].

Como as informações sobre o papel do *Ae. albopictus* na transmissão da dengue na Malásia são limitadas [184], foram efectuados estudos para determinar a distribuição da *Wolbachia* no *Ae. albopictus* e o seu papel na dinâmica desse mosquito [185]. O estudo coincidiu com outros estudos [186, 187] que mostraram que *a Wolbachia* estava naturalmente presente no *Ae. albopictus*. No entanto, a taxa de infeção variou de 60 a 100%. A maioria das amostras estava superinfectada com *wAlbA* e *wAlbB*, mas não havia diversidade de sequência do gene *wsp*. Verificou-se também que *a Wolbachia* estava ausente das glândulas salivares do *Ae. albopictus*, mas estava presente no intestino médio e nos ovários. No entanto, outros estudos mostraram que as glândulas salivares também eram positivas para *Wolbachia* [188]. Num estudo de laboratório com a estirpe de *Ae. albopictus* da Ilha da Reunião, verificou-se que *a Wolbachia* limita a densidade viral e a taxa de disseminação do DENV-2 [188].

A dinâmica de *Ae. albopictus* com e sem *Wolbachia* mostrou que a fecundidade, a longevidade e a viabilidade dos ovos foram afectadas. Isto pode dever-se ao facto de *a Wolbachia* ter formado uma relação simbiótica com o *Ae. albopictus* [185].

Estão também a ser realizados estudos para utilizar *a Wolbachia* como instrumento de supressão da população. Nestes casos, apenas os mosquitos machos infectados com *Wolbachia* serão libertados. Quando estes mosquitos libertados acasalam com mosquitos fêmeas selvagens, a sua descendência não será viável devido à IC. Em ensaios semi-campo realizados nas ilhas do Pacífico, foram libertados mosquitos *Aedes polynesiensis* machos transinfectados com *Wolbachia* e os machos acasalaram com fêmeas selvagens *de Ae.*

polynesiensis, o que resultou numa descendência inviável que levou à supressão da população[189]. Assim, é possível adotar este método em que apenas os mosquitos machos infectados com *Wolbachia* serão libertados para suprimir a população natural.

3.4.3 Mosquitos geneticamente modificados RIDL (Libertação de insectos portadores de um vírus letal dominante)

Este método é muito semelhante à libertação de machos estéreis que era praticada há muitos anos atrás, especialmente para a gestão de pragas [190]. Nos primeiros tempos, os machos eram irradiados ou tratados com produtos químicos para os esterilizar. Estes métodos tornavam-nos mais fracos e não podiam competir com os machos selvagens, pelo que a estratégia de controlo falhou.

No entanto, utilizando a tecnologia molecular moderna, foram inseridos genes letais para criar mosquitos geneticamente modificados para controlar a população de mosquitos. Um desses mosquitos é o OX513A, uma estirpe transgénica de *Ae. aegypti* concebida para transportar um sistema genético letal dominante, repressível, não específico do sexo e de ação tardia [191]. Estas larvas de mosquito podem desenvolver-se normalmente em água com tetraciclina. No entanto, na ausência de tetraciclina, as larvas podem desenvolver-se normalmente mas morrem na pupação [192]. Assim, o conceito desta estratégia consiste em libertar estes machos na natureza e, quando acasalarem com fêmeas selvagens, a descendência necessitará de tetraciclina para se tornar adulta.

Os ensaios efectuados na Ilha Caimão mostraram que os mosquitos machos geneticamente modificados libertados em 10 hectares durante 4 semanas, acasalaram com sucesso com fêmeas selvagens e fertilizaram os seus ovos [193]. Estudos preliminares para avaliar a longevidade e a dispersão dos mosquitos RIDL foram efectuados na Malásia [194]. A estirpe modificada mostrou uma longevidade de campo semelhante à de uma contraparte não modificada, embora neste contexto a dispersão tenha sido reduzida em relação à estirpe não modificada [194]. Os resultados da libertação destes mosquitos e dos ensaios de campo semi-confinados [195] fornecem resultados que ajudarão as autoridades a tomar uma decisão sobre a utilização de OGM para o controlo da dengue no futuro.

3.5 Estudos laboratoriais sobre a suscetibilidade de *Ae. aegypti* e *Ae. albopictus* ao vírus chikungunya

O vírus Chikungunya (CHIKV) é um alfavírus que é transmitido tanto pelo *Ae. aegypti* como pelo *Ae. albopictus*. O CHIKV foi isolado pela primeira vez na Tanzânia em 1952 [196]. Existem três genótipos principais do vírus em circulação, nomeadamente o da África Ocidental, o da África Oriental/Central/Sul (ESCA) e o da Ásia [110]. Em 2005, a estirpe ESCA propagou-se da África Oriental, do Oceano Índico, através da Índia e depois para a Europa, o resto da Ásia e a América do Norte [197]. Sabe-se também que o CHIKV pode ser mantido no ciclo silvático e, na Malásia, verificou-se que quatro primatas não humanos (macacos de cauda longa) de Kuala Lipis eram positivos para o genótipo asiático do CHIKV [198].

Os primeiros surtos na Malásia foram causados pelo genótipo asiático. No entanto, o primeiro grande surto de CHIKV do genótipo ECSA causou o primeiro surto a nível nacional na Malásia em 2008-2010, afectando mais de 10 000 pessoas [12].

Assim, foi investigada a suscetibilidade destes dois genótipos de CHIKV tanto ao *Ae. aegypti* como ao *Ae. albopictus*. Verificou-se que ambas as estirpes de CHIKV infectaram *o Ae. albopictus* a uma taxa mais elevada do que o *Ae. aegypti*, o que foi particularmente acentuado com a estirpe ECSA. Além disso, a estirpe ECSA infectou, replicou-se e disseminou-se a taxas mais elevadas no *Ae. albopictus* [197]. A estirpe asiática infectou *o Ae. aegypti* ligeiramente melhor do que a estirpe ECSA. Este estudo laboratorial apoiou os dados de campo existentes sobre os vectores prováveis envolvidos nos surtos da Malásia: *O Ae. aegypti* foi identificado no surto de CHIKV asiático em Bagan Panchor, no estado de Perak [199], enquanto os surtos de ECSA foram provavelmente causados pelo *Ae. albopictus,* que predominou nas zonas rurais [11, 200].

Foram também efectuados estudos para examinar se a transmissão vertical do CHIKV ocorre no *Ae. aegypti.* O ARN do CHIKV persistiu durante períodos prolongados nos ovos dos mosquitos e foi também detetável nos adultos eclodidos. No entanto, nenhum deles continha vírus infecioso detetável por ensaio em placa [201]. Na ausência de deteção de partículas de vírus infecciosas, não há provas definitivas de transmissão vertical, que continua largamente por provar no caso do CHIKV. A investigação futura sobre a transmissão vertical deve efetuar um ensaio em placas e não depender apenas da deteção de ARN.

3.6 Conclusão

Com as actuais epidemias de dengue, a transmissão intermitente de chikungunya e os surtos de Zika nas Américas, é oportuno avançar e introduzir novas ferramentas e paradigmas para o controlo do *Aedes*. É necessário dar mais ênfase ao controlo dos mosquitos adultos. É necessário um programa de controlo proactivo e não reativo. Quando há uma epidemia, é demasiado tarde e levará tempo a ser controlada. Foi estabelecido que uma pessoa está mais virémica dois dias antes do início da febre da dengue [202]. Isto reforça a necessidade urgente de um programa proactivo. A utilização criteriosa de insecticidas para controlar os vectores é necessária porque os mosquitos estão a tornar-se resistentes à maioria das classes de insecticidas. É necessário instituir um sinal de alerta precoce para evitar uma epidemia.

Capítulo 4

Filariose linfática e seus vectores

4.1 Introdução

A filariose linfática é causada por três espécies de filárias, nomeadamente *Wuchereria bancrofti, Brugia malayi* e *Brugia timori.* A filariose linfática (FL) afecta cerca de 120 milhões de pessoas em 73 países [203]. A nível mundial, é atualmente considerada uma das doenças tropicais negligenciadas. Cerca de 90% do fardo da LF em todo o mundo é causado por *W bancrofti,* enquanto na Ásia é causado principalmente por *B. malayi* e *B. timori* ocorre principalmente em Timor-Leste e nas ilhas vizinhas [204].

Em 1997, a Organização Mundial de Saúde considerou que a filariose linfática podia ser eliminada graças aos progressos registados no diagnóstico e no tratamento da doença. Assim, em 2000, foi lançado o Programa Global para a Eliminação da Filariose Linfática (GPELF). A estratégia baseava-se em duas componentes: uma para travar a propagação da infeção e a outra para aliviar o sofrimento das populações afectadas.

Na Malásia, o programa de controlo da filariose foi criado na década de 1960. As principais funções destas equipas consistiam em efetuar inquéritos de sangue em massa à noite, seguidos de tratamento. A administração maciça de medicamentos era efectuada nas aldeias onde a incidência era superior a 5%.

A primeira referência à filariose na Malásia foi feita por Daniels em 1908, que encontrou três portadores de microfilárias no Hospital de Kuala Lumpur [205]. Em 1912, Fraser relatou 11 admissões no Hospital de Kuala Lumpur. Foram também registados alguns casos noutros hospitais em Negeri Sembilan e Pahang [205]. A Malásia tem uma longa história de investigação sobre a filariose, que remonta à década de 1930. A primeira indicação de que o homem poderia não ser o único hospedeiro definitivo da *B. malayi* foi a descoberta de microfilárias em macacos da floresta pantanosa [206, 207]. Além disso, foram encontradas microfilárias semelhantes a B. malayi em gatos e cães domésticos, no lóris lento e no macaco-prego. O exame de vermes adultos mostrou que estavam envolvidas duas espécies [208]. Ambas as espécies partilham mosquitos vectores comuns (*Mansonia* spp), e ambas foram encontradas juntas a infetar o mesmo hospedeiro animal.

Foram detectadas infecções naturais de *B. malayi* subperiódica em macacos-de-folha-escura *(Trachypithecus obscures),* gatos domésticos, civetas comuns, macacos de cauda longa, gatos selvagens e pangolins. Os macacos-de-folha parecem ser os principais reservatórios animais selvagens de *B. malayi,* com taxas de infeção de até 76,3% em certas partes da Malásia [209]. Sabe-se que *a Brugia pahangi* ocorre naturalmente em gatos domésticos, cães, lóris lentos e civetas das palmeiras. Trata-se essencialmente de um parasita animal, pelo que é necessário identificar corretamente as duas espécies quando se realizam estudos epidemiológicos. *A Brugia pahangi* pode ser diferenciada da *B. malayi* devido ao seu grande tamanho e ao seu inenkorper relativamente maior quando corado pelo método de [210].

Uma realização notável foi a cultura *in vitro* bem sucedida de larvas infecciosas *de B. malayi* e *B. pahangi* (L3) até ao quarto estádio (L4) e ao estádio adulto juvenil. Este sistema foi útil para o teste in vitro de filaricidas [211].

A dietilcarbamazina (DEC) tem sido o medicamento de eleição no controlo da filariose na Malásia. A dosagem era de 6mg/kg de peso corporal, administrada em 6 doses para a filariose brugiana e 12 doses para a filariose bancroftiana. No entanto, o cumprimento das seis doses nem sempre foi fácil de conseguir. Assim, foi efectuado um estudo para determinar a eficácia do tratamento em massa de dose única de DEC com o regime padrão entre a população aborígene em Perak [212]. Utilizando o regime bianual de dose única, obteve-se uma redução de 90% em comparação com 88,1% com a dose padrão. Assim, um regime de dose única melhoraria a adesão e é também útil em países com recursos limitados.

4.2 Vectores de *Brugia malayi* e *Wuchereria bancrofti*

Na Malásia, os mosquitos envolvidos na transmissão de *B. malayi* pertencem aos géneros *Mansonia* e *Anopheles*. O género *Mansonia* está dividido em dois subgéneros: *Mansonia* e *Mansonioides*. Seis espécies deste género ocorrem na Malásia e são as seguintes *Mansonia bonneae, Ma. dives, Ma. uniformis, Ma. annulifera, Ma. annulata* e *Ma. indiana* [213].

Os ovos de todas estas espécies são depositados em cachos na superfície inferior de folhas flutuantes (Figura 14). As larvas e as pupas fixam-se, por meio do seu sifão, às raízes das plantas aquáticas. Em pântanos abertos, lagoas, rios e canais, várias plantas flutuantes como *Eichornia, Salvinia* e *Pistia* spp. (figura 15) ou plantas enraizadas como *Cyrtosperma, Isachne* e *Panicum* são as plantas hospedeiras de *Mansonia* spp. [213]. Em Sarawak, *Ma. bonneae/dives* foi encontrada agarrada a raízes de *Homalomena cordata, H. rostrate* e *Hydrostemma motley* [214].

Figura 14. a) Mosquito *Mansonia* a pôr ovos, b) ovos de mosquitos *Mansonia*.

Figura 15. Local de reprodução do mosquito *Mansonia*
a) plantas *de Eichornia*, b) *Pistia* spp, c) floresta aberta de pântano.

Chiang *et al* tiveram bom sucesso com a colonização de *Ma. uniformis, Ma. indiania* e *Ma. bonneae* [215]. Para a colonização de mosquitos *Mansonia*, é necessário utilizar plantas aquáticas como a *Eichornia,* ou um papel especial chamado "keaykolour ruffia snow white paper" (Figura 16). O único aspeto positivo da colonização de *Mansonia* é que os mosquitos adultos acasalam sozinhos em laboratório

Figura 16. Colonização de mosquitos *Mansonia*.

ao contrário de algumas espécies de *Anopheles*, onde precisam de ser acasaladas artificialmente (por exemplo, *An. maculatus).*

Foram realizados na Malásia estudos exaustivos sobre a biologia e a ecologia do vetor em relação à transmissão de doenças [213, 214, 216, 217]. Em geral, apenas 10% das *Mansonia* spp se alimentam de seres humanos. A maioria das espécies descansa ao ar livre durante o dia [213, 218]. Em estudos anteriores efectuados por Wharton, verificou-se que a maior abundância de *Mansonia* era encontrada no final do ano, em correlação com a monção do nordeste [213]. Estudos posteriores de Chiang *et al* [219] mostraram que a abundância de mosquitos *Mansonia* em florestas pantanosas e campos de arroz abertos estava correlacionada com a precipitação. Isto também mostrou que houve um aumento da transmissão durante o mesmo período. No entanto, estudos em Sarawak mostraram que não havia uma correlação clara entre os vectores *da Mansonia* e a precipitação [216]. O pico de picada do mosquito *Mansonia* é ao início da noite e muito cedo de manhã. Isto coincide com o subperíodo noturno de *B. malayi* [213, 216, 218].

O ciclo gonotrófico de *Ma. uniformis* determinado por experiências de recaptura com libertação marcada foi de 3-4 dias [220] e foram observados resultados semelhantes para *Ma. bonneae* e *Ma. dives* [221] em Sarawak e para *Ma. uniformis* e *Ma. Indiana* na Indonésia [222]. A sobrevivência diária dos mosquitos *Mansonia* foi geralmente maior no leste da Malásia, 0,86-0,9 em Sarawak [216] e acima de 0,9 em Sabah [223], em comparação com 0,6 a 0,7 na Península da Malásia [224]. Este facto explica talvez o facto de haver mais casos na Malásia Oriental do que na Península da Malásia.

Para além dos mosquitos *Mansonia*, em 1965, *o An. maculatus* foi incriminado como vetor de *W. bancrofti* em Pulau Aur [225]. Num estudo anterior, Reid e colaboradores incriminaram *o An. campestris* como o vetor da *B. malayi* periódica no Noroeste da Malásia [226]. *O Anopheles donaldi* foi incriminado como o vetor da *B. malayi* periódica em Perak, Malásia, num estudo realizado entre 1992-1994 [227]. A taxa infecciosa de *An. donaldi* foi elevada (2,3%) e uma grande proporção dos mosquitos era parosa. *O Anopheles donaldi* picava tanto no interior como no exterior e foi encontrado a repousar ao ar livre nas paredes das casas e na parte inferior das folhas antes de entrar nas casas.

Na década de 1960, Ramachandran e colaboradores descobriram que a população aborígene que vivia nos arredores de Kuala Lumpur estava infetada com *W bancrofti* [228]. Estudos posteriores mostraram que *o Cx. quinquefasciatus* era o vetor [229]. Com o afluxo de população migrante ao país, foi notificado um caso de *W. bancrofti* num doente de Myanmar. O sangue do doente foi administrado a mosquitos *Cx. quinquefasciatus* e era suscetível à *W. bancrofti* [230]. No nosso estudo, verificou-se também que a estirpe resistente a insecticidas de *Cx. quinauefasciatus* era menos suscetível a *W. bancrofti* em comparação com a estirpe suscetível. Isto corrobora os resultados relatados por [231], onde se verificou que 76 % do *Cx. quinquefasciatus* era suscetível a *W. bancrofti*, enquanto nenhum dos *Cx. quinquefasciatus* resistentes a insecticidas era suscetível ao parasita.

4.3 Ferramentas moleculares para a deteção de parasitas filariais em mosquitos

O sucesso de um programa de controlo é determinado pela sua capacidade de detetar o parasita no mosquito vetor. Isto envolveu a dissecação dos mosquitos e o exame dos parasitas por microscopia. A identificação específica das larvas infectantes (L3) é de grande importância, uma vez que existem mais de 37 espécies descritas de parasitas filariais transmitidos por mosquitos vectores [232]. No entanto, este é um processo fastidioso e requer um perito para identificar o verme.

Atualmente, estão disponíveis ferramentas moleculares para substituir os laboriosos métodos convencionais. Estes métodos utilizam a reação em cadeia da polimerase (PCR) para obter marcadores específicos da espécie. Antes de se poder efetuar a PCR, tem de se proceder à extração de ADN. A avaliação mostrou que a utilização de Chelex 100 foi rápida, simples e forneceu resultados consistentes [233]. A redução do número de passos na preparação da amostra ajuda a reduzir a contaminação. Atualmente, estão disponíveis novos kits comerciais para a extração de ADN, como o Qiagen DNeasy® Kit. No entanto, estes kits podem ser dispendiosos, especialmente se houver um grande número de amostras a extrair.

Uma das principais desvantagens da utilização da PCR é o facto de não conseguir distinguir entre mosquitos infectados e infectantes. Para ultrapassar este problema, a cabeça, o tórax e o abdómen do mosquito devem ser testados separadamente. Os mosquitos com cabeça positiva serão infecciosos com larvas L3. As larvas L1 e L2 desenvolvem-se normalmente nos músculos torácicos.

4.4 Desafios na eliminação da filariose

A filariose linfática (FL) tem como objetivo a sua eliminação global como problema de saúde pública até 2020. Mais de 70% dos casos de LF ocorrem no subcontinente indiano, particularmente na Índia, Bangladesh, Nepal, Maldivas e Sri Lanka [234]. O parasita responsável é principalmente a *W bancrofti.* Os trabalhadores migrantes destes países vão trabalhar para os países vizinhos e há toda a possibilidade de o parasita ser trazido com eles.

Na Malásia, a estirpe rural de *W. bancrofti* encontra-se principalmente em algumas aldeias rurais de Sabah e Sarawak, enquanto a estirpe urbana não é comum [235]. *O Culex quinquefasciatus* é o principal vetor da filariose bancroftiana urbana na Índia, Sri Lanka e Tailândia [236-238]. Estudos recentes mostraram que a estirpe local de *Cx. quinquefasciatus* é suscetível à estirpe de Myanmar de *W bancrofti* [230]. Esta espécie habita facilmente um habitat adequado e, uma vez estabelecida, é difícil controlá-la, uma vez que é resistente à maioria dos insecticidas [239].

De acordo com o Relatório Anual do Ministério da Saúde da Malásia de 2012 [1], foi registado um total de 267 casos de filariose, dos quais 58% foram registados entre imigrantes. O parasita predominante foi *W. bancrofti*, que contribuiu para 56% dos casos, seguido por *Brugia malayi* (periódica) 35% e *Brugia malayi* (subperiódica) 9%. Este é um caso preocupante, pois os vectores adequados estão presentes no país e é necessária uma vigilância permanente para evitar o ressurgimento deste parasita no país. Com a eliminação da filariose, a doença pode ser esquecida.

Este facto é também preocupante na Tailândia, onde foi relatado que a prevalência de infeção patente *por W. bancrofti* em imigrantes de Myanmar suscitou a preocupação da comunidade de saúde pública de que existe agora o potencial para a emergência de filariose bancroftiana na Tailândia [236].

A Brugia pahangi não foi encontrada naturalmente no homem, mas foi transmitida experimentalmente a um dos dois voluntários humanos [240]. Assim, com a eliminação da *B. malayi*, pode ser possível que os seres humanos sejam infectados pela *B. pahangi* quando vivem em áreas onde a prevalência de parasitas em gatos é elevada. Um estudo recente nas zonas montanhosas de Bukit Gasing em Petaling Jaya, Selangor, Malásia, revelou dois casos confirmados por PCR e três casos prováveis de infeção humana por *B. pahangi* [241]. Estes resultados demonstram assim a transmissão potencial da filariose zoonótica *por B. pahangi* a seres humanos em zonas urbanas e suburbanas da Malásia. No entanto, a infeção patente não foi observada em seres humanos até à data.

4.5 Conclusão

É difícil manter um sistema de vigilância depois de se ter declarado que a doença foi eliminada. É necessário o empenhamento dos organismos governamentais para que haja uma vigilância adequada após a eliminação. No caso da filariose, a doença não causa mortalidade, pelo que as pessoas infectadas só saberão quando atingirem a fase incurável. Nessa altura, já terão transmitido a infeção aos mosquitos e a transmissão silenciosa estará em curso. A vigilância desta doença seria esquecida, uma vez que se trata mais de um problema psicossocial [242, 243].

As Wolbachia são bactérias gram-negativas que formam infecções intracelulares hereditárias em muitos invertebrados. Este endossimbionte está disseminado nos parasitas filariais, incluindo todas as principais filárias patogénicas dos seres humanos, nomeadamente *W. bancrofti*, *B. malayi* e *Onchocerca volvulus* [244], e tem sido implicado nas caraterísticas inflamatórias das infecções filariais. Foi também referido que a *Dirofilaria immitis* alberga o endossimbionte bacteriano *Wolbachia.* Foram registados anticorpos de imunoglobulina G contra *Wolbachia* em doentes com dirofilariose pulmonar causada por *D. immitis* [245], bem como em dirofilariose subcutânea humana causada por *D. (Nochtiella) repens* [246]. Devido à sua importância na patogénese das infecções filariais, seria importante estudar a distribuição de *Wolbachia* spp. nos vários parasitas filariais e mosquitos vectores.

Capítulo 5

Vírus da encefalite japonesa e seus vectores

5.1 Introdução

O vírus da encefalite japonesa (VCE) é a causa mais importante de encefalite epidémica a nível mundial, com uma estimativa de 35 000 a 50 000 casos e 10 000 mortes por ano. As epidemias de encefalite foram descritas no Japão a partir da década de 1870. O JEV foi isolado pela primeira vez em 1935 e foi subsequentemente encontrado na maior parte da Ásia [247]. Nas zonas temperadas do norte, o JEV ocorre em epidemias de verão, enquanto nos países tropicais ocorre durante todo o ano.

A JE é uma doença de importância para a saúde pública devido ao seu potencial epidémico e à elevada taxa de mortalidade. Nas zonas endémicas, as taxas de ataque específicas por idade mais elevadas ocorrem em crianças dos 3 aos 6 anos de idade [248]. Aproximadamente um terço dos doentes morre e metade dos sobreviventes ficam com sequelas neuropsiquiátricas graves da doença [247].

Na Malásia, os primeiros estudos sobre arbovírus, que consistiam principalmente na medição dos níveis de anticorpos contra arbovírus em populações humanas e animais, foram efectuados na Malásia na década de 1950 [249-251]. A EJ é endémica e ocorre em quase todos os estados da Malásia; a maioria dos casos foi notificada em Penang, Perak, Selangor e Johore, na Malásia Ocidental, e em Sarawak, na Malásia Oriental [252]. Os factores contributivos nestes Estados podem ser as elevadas densidades populacionais humanas e a criação de suínos [252]. Foi observado que, na Malásia, o VCEJ é endémico e ocorre esporadicamente em todo o país durante todo o ano [253]. No entanto, ocorreram surtos esporádicos na parte norte da Malásia [253] e também em Sarawak, na Malásia Oriental [254].

O ciclo de transmissão natural envolve o *Culex tritaeniorhynchus* e outros mosquitos *Culex* estreitamente relacionados que se reproduzem principalmente em campos de arroz e se alimentam de seres humanos ao início da noite [255]. Na JE, o vírus é tipicamente transmitido de um hospedeiro vertebrado virémico para um hospedeiro suscetível através da picada de vectores artrópodes. Os níveis de viremia do VCE no ser humano não atingem um nível suficientemente elevado para infetar um vetor, pelo que o ser humano termina o ciclo de transmissão como um hospedeiro sem saída.

Na década de 1970, os investigadores [256, 257] isolaram o vírus da EJ de três espécies de mosquitos (*Cx. tritaeniorhynchus, Cx. gelidus* e *Ae. curtipes)* na Malásia. No entanto, na década de 1990, foram realizados estudos exaustivos sobre os vectores da JE em zonas de criação de suínos, bem como em zonas de arrozais da Península da Malásia e de Sarawak, que são descritos a seguir.

5.2 Bionomia de vectores JE

A bionomia dos *Culex* vectores da JE é descrita para demonstrar o seu comportamento e os desafios que enfrentamos no seu controlo. Os mosquitos *Culex* põem ovos em jangadas e encontram-se a flutuar à superfície da água. Em geral, todos os tipos de superfícies de água podem conter ovos *de Culex* e *o Cx. tritaeniorhynchus* foi encontrado em lagos com vegetação suspensa e expostos à luz solar. Também foi encontrado em charcos e poças de água doce ou poluída com muitas ervas. Esta espécie foi frequentemente encontrada a reproduzir-se com *Cx. nigropunctatus*, *Cx. gelidus* e *Cx. fuscocephala* [258]. *O Culex tritaeniorhynchus* também foi frequentemente encontrado em zonas de arrozais (Figura 17) [259] e também se regista um surto de reprodução antes da plantação de arroz
[260] . Estudos efectuados na Índia mostraram que, quando a ureia foi utilizada como fertilizante nos campos de arroz, o número de jangadas de ovos de *Cx. tritaeniorhynchus* e *Cx. vishnui* aumentou
[261] . As larvas transformam-se em pupas 4-5 dias após a oviposição.

O Culex traitaeniorhynchus tende a picar suínos e bovinos mais facilmente do que humanos [262]. Estudos efectuados em Taiwan [263] e na Coreia [259] também constataram que *o Cx. traitaeniorhynchus* não se alimentava de hospedeiros humanos, embora a população humana fosse maior do que a população suína.

Figura 17. Local de reprodução de mosquitos *Culex* num campo de arroz.

Os mosquitos *Culex* são infectados com o JEV ao alimentarem-se de porcos ou aves virémicas, como a garça-real e a garça-branca [264, 265]. Torna-se infecioso em 9-12 dias de incubação extrínseca. Estudos demonstraram que os porcos são hospedeiros amplificadores do JEV e, por isso, as casas devem estar localizadas longe das explorações de porcos, a pelo menos 5 quilómetros de distância [266]. No entanto, a epidemiologia do JEV na Malásia é diferente. Estudos demonstraram que não foram registados casos de VCE em zonas de criação de suínos, embora o vírus tenha sido isolado de várias espécies de mosquitos [267]. O facto de a maioria dos *Culex* se alimentar de suínos mostrou que o risco para os seres humanos era baixo. Além disso, foram registados casos de JEV em zonas predominantemente muçulmanas onde não havia porcos [253, 268]. Assim, é possível que as aves também desempenhem um papel na transmissão do JEV. Em Java Central (Indonésia), suspeitou-se que o gado era o hospedeiro efetivo envolvido na transmissão do VCEJ [269]. Os vectores do VCEJ são noturnos e picam os seres humanos entre as 19h00 e as 21h00. Os vectores *Culex* são principalmente exofágicos, mas entram nas casas para picar, sendo o período de pico por volta das 24h00 [270, 271]. Foi registada a transmissão vertical do JEV e esta pode ser uma das razões pelas quais tantos mosquitos foram positivos para o JEV.

5.3 Relação vírus-vetor e transmissão

Nos primeiros estudos da década de 1970, 36 isolamentos de JEV foram obtidos de *Cx. tritaeniorhynchus*, enquanto apenas sete foram obtidos de *Cx. gelidus* em Sarawak [257]. No entanto, estudos efectuados duas décadas mais tarde mostraram que *o Cx. tritaeniorhynchus* continuava a ser positivo para o JEV, mas em menor número [272]. Um total de 126 grupos de mosquitos foram testados para o JEV por ELISA e RT-PCR e verificou-se que apenas seis grupos de mosquitos eram positivos. Estes incluíam três *Cx. tritaeniorhynchus*, dois *Cx. gelidus* e um grupo de *Coquillettidia crassipes* [272]. Uma das áreas estudadas nas décadas de 1970 e 1990 foi a aldeia de Tijirak, em Sarawak, onde se verificou que *o Cx. tritaeniorhynchus* era positivo nove das 12 vezes inquiridas [257]. Embora a aldeia se tenha desenvolvido desde então, verificou-se que três charcos ainda eram positivos [272].

Outros estudos realizados numa zona de criação de suínos na década de 1990 em Sungai Pelek, Sepang, Selangor, perto do atual aeroporto internacional, mostraram que dos 1 336 grupos de mosquitos testados para o JEV, 42 grupos eram positivos [267]. A distribuição dos vectores nos grupos positivos era a seguinte *Cx. tritaeniorhynchus* (24), *Cx. gelidus* (10), *Cx. fuscocephala* (2), *Cx. bitaeniorhynchus* (1), *Ae. butleri* (4) e *Ae.* (*Cancraedes*) sp. (1). Numa zona de arrozal da aldeia de Pasir Panjang, em Selangor, dos 148 grupos de mosquitos testados, 16 grupos foram positivos [268]. Nesta área, *Cx. vishnui* foi a espécie predominante, com quatro pools positivos. Também se demonstrou que as espécies acima mencionadas desempenham um papel na transmissão do JEV na Índia e no Vietname [270, 273]. Além disso, *Cx. sitiens* foi incriminado como o vetor do JEV pela primeira vez na zona dos campos de arroz [274]. Foram efectuados mais estudos laboratoriais, que estabeleceram que *Cx. sitiens* pode transmitir o JEV [275]. O quadro 6 apresenta um resumo das espécies das quais o JEV foi isolado.

Tabela 6. Resumo do isolamento do vírus da JE em mosquitos

Species	Number of pools tested	Pools positive	MFIR	Locality[1]
Cx. tritaeniorhynchus	26	3	2.3	Pasir Panjang
	731	24	0.07	Sepang
	73	3	0.82	Sarawak
Cx. gelidus	11	0	–	Pasir Panjang
	224	12	1.07	Sepang
	13	2	3.07	Sarawak
Cx. fuscocephala	76	2	0.53	Sepang
Cx. sitiens	8	2	5.0	Pasir Panjang
Cx. bitaeniorhynchus	11	3	5.5	Pasir Panjang
	2	0	–	Sarawak
Cx. visnhui	33	4	2.4	Pasir Panjang
	1	0	–	Sepang
Cx. quinquefasciatus	17	1	1.18	Sepang
Ae. butleri	16	0	–	Pasir Panjang
	79	4	1.01	Sepang
Ae. (*Cancraedes*) sp	19	1	1.05	Sepang
Cq. crassipies	1	0	–	Sepang
	8	1	2.66	Sarawak

[1]Nota: Sepang e Pasir Panjang situam-se no estado de Selangor, na Península da Malásia.

Embora o JEV tenha sido frequentemente isolado de mosquitos, parece não haver relatos de casos clínicos de JE nas áreas estudadas. Uma razão possível é o facto de a maioria dos malaios adultos possuir anticorpos neutralizantes contra o vírus [276]. Outra razão poderia ser o facto de os casos não serem diagnosticados ou de haver uma subnotificação de casos de JE.

5.4 Controlo dos vectores de JE

O controlo dos vectores da EJ tem sido eficaz através de mudanças nas práticas de criação de porcos e de arroz [266, 277]. As bolas de poliestireno expandido têm sido eficazes para controlar a reprodução dos mosquitos *Culex*, especialmente em fossas e cisternas de armazenamento de água [278-281]. No entanto, a gestão dos mosquitos *Culex* nas zonas rurais, onde os locais de reprodução são enormes, é uma tarefa difícil.

A utilização de insecticidas para controlar os vectores da JE só foi eficaz durante um período limitado, numa área limitada e a um custo elevado [152]. Foi demonstrado que, na Coreia, o fenitrotião de ultrabaixo volume aplicado a partir de aeronaves de asa fixa foi eficaz na redução da população de mosquitos adultos *Cx. tritaeniorhynchus* em 80% durante 4 dias [282]. Do mesmo modo, na Califórnia, verificou-se que a aplicação aérea de Pyrenone 25-5 foi eficaz contra *Cx. tarsalis* e *Cx. quinquefasciatus*, mas a aplicação terrestre do mesmo produto químico não teve qualquer efeito sobre os mosquitos *Culex* [283]. A pulverização residual de pocilgas para controlar os mosquitos *Culex* também foi efectuada em países como o Japão e a Tailândia [284], onde os mosquitos repousavam nas paredes depois de se alimentarem dos porcos.

No entanto, é preciso compreender que os mosquitos *Culex* desenvolveram resistência a muitos insecticidas. Isto pode dever-se à aplicação em grande escala de insecticidas nas zonas de arrozais, onde teriam sido expostos à pressão de seleção dos pesticidas. Estudos realizados em muitos países mostraram que os mosquitos *Culex* em geral são resistentes a muitas das diferentes classes de insecticidas, como os organoclorados, os organofosforados, os carbamatos e os piretróides [285-287].

Felizmente, existe uma vacina contra o VCE, pelo que, nos países endémicos, as crianças são imunizadas. A adoção de melhores métodos agrícolas, tanto para a criação de suínos como para a cultura do arroz, contribuiu globalmente para a redução dos casos de JE. A localização das explorações de suínos longe das habitações humanas talvez ajude a reduzir o contacto homem-vetor. Na cultura do arroz, a utilização de estirpes que necessitam de menos água e a utilização de irrigação intermitente reduziram a reprodução do *Culex* em comparação com a irrigação convencional [288]. Na Índia, foi demonstrado que, embora os fertilizantes azotados com algas azuis-verdes (BGA) aumentassem o rendimento dos cereais e a população de mosquitos imaturos, as BGA sozinhas aumentavam o rendimento do arroz sem aumentar a produção de mosquitos. Assim, recomendou-se a utilização de BGA com menos fertilizantes azotados para controlar os vectores da JE nos campos de arroz [289]. As práticas acima referidas podem ser complementadas com a utilização de agentes de controlo biológico, como os peixes, que também podem proporcionar um rendimento adicional aos agricultores. Outros agentes amigos do ambiente são os bolos de neem, o nemátodo mermitídeo *(Romanomermis culicivorax),* um fungo *(Lagenidium giganteum)* e bactérias

(Bacillus thuringiensis var. *israelensis* e *Bacillus sphaericus*), muitos dos quais tiveram poucos ou nenhuns efeitos adversos em populações não visadas de vertebrados e invertebrados [266, 290]. No entanto, é necessário realizar ensaios em grande escala antes de estes métodos poderem ser introduzidos em grande escala para o controlo dos vectores do VCEJ.

5.5 Conclusão

A maior parte dos países do Sudeste Asiático, incluindo a Índia, registam surtos de JEV em crianças quase todos os anos [291]. No entanto, na Malásia, apesar de muitas espécies de *Culex* serem positivas para o VCEJ, são registados muito poucos casos por ano.

Isto pode dever-se ao desenvolvimento de anticorpos e também ao facto de se ter demonstrado que os mosquitos são mais atraídos pelos porcos do que pelos seres humanos [271]. Em setembro de 1998, houve um surto de encefalite febril entre os criadores de porcos no estado de Perak, no norte da Malásia. Inicialmente, pensou-se que se tratava de EJ [292]. O controlo dos mosquitos e a vacinação contra a EJ não afectaram a evolução do surto. Em março de 1999, o surto ocorreu noutros estados e também entre os trabalhadores dos matadouros de Singapura que manipulavam os suínos provenientes da Malásia [292]. Descobriu-se mais tarde que a epidemia se devia a um novo vírus, denominado vírus Nipah, estreitamente relacionado com o vírus Hendra, um paramixovírus [292]. Tratava-se de uma infeção zoonótica transmitida diretamente dos porcos para os seres humanos [292]. Não se trata de uma doença transmitida por mosquitos.

Uma área importante de estudo é a determinação do JEV em aves migratórias e noutros animais diferentes. Até agora, não se sabe muito sobre o hospedeiro do JEV, exceto os porcos. Pensa-se que, devido às alterações climáticas, estão a ocorrer mutações no genoma do JEV, que estão a causar uma elevada mortalidade nas crianças da Índia [291].

No entanto, é melhor estar atento a esta doença, uma vez que é endémica em toda a Ásia. Não existem medicamentos para o tratamento do VCEJ. No entanto, é importante que a mortalidade seja evitada.

Capítulo 6

Importância das doenças transmitidas por mosquitos e o caminho a seguir

6.1 Introdução

Atualmente, as doenças transmitidas por mosquitos que afectam a população humana na Malásia são a dengue, o CHIKV, a encefalite japonesa, a malária e a filariose. No entanto, existem outras doenças transmitidas por mosquitos, como o vírus do Nilo Ocidental, a encefalite do vale de Murray, o vírus da febre amarela e o vírus Zika, que afectam os seres humanos noutros locais. Com as viagens internacionais e as fronteiras porosas, é difícil decifrar quando é que estes vírus chegarão às nossas costas. Por isso, é preciso estar preparado para que qualquer um destes vírus possa atacar em qualquer altura.

Uma forma de ultrapassar este problema é colaborar com os países afectados por estas doenças e testar o estado de suscetibilidade das várias espécies de mosquitos a estes vírus. É também importante alargar a rede quando se efectua a recolha de mosquitos e se testam determinados vírus e parasitas. Ao fazê-lo, saberemos se o agente patogénico está presente no país. Este exercício foi realizado nos anos 60 por investigadores do IMR e do Centro Internacional de Investigação Médica da Universidade da Califórnia (UC-ICMR), que isolaram e caracterizaram 19 vírus transmitidos por artrópodes, para além dos quatro serotipos da dengue. Segundo eles, quinze destes vírus eram novos para a ciência e foram recuperados pela primeira vez na Malásia (Institute for Medical Research - Seventy five years of medical research in Malaysia 1976). Os decisores políticos também precisam de estar conscientes deste problema emergente e, assim, fazer um esforço para estudar as recomendações propostas pelos investigadores, de modo a terem um programa de vigilância ativa.

É importante dispor de equipas multidisciplinares para estudar e responder a surtos de doenças transmitidas por vectores; oportunidades para integrar a vigilância e o diagnóstico de doenças transmitidas por vectores na resposta a surtos; oportunidades de financiamento; orientações de investigação; e formação de biólogos de vectores [293]. Isto tem de ser associado a várias organizações, como os institutos de investigação governamentais, os institutos académicos e também os organismos do sector privado, que se juntam para trabalhar para um objetivo comum - combater as doenças transmitidas por vectores.

6.2 Principais lacunas e via a seguir

Duas das doenças transmitidas por vectores (filariose e malária) estão agora na calha para serem eliminadas. Uma vez eliminada a doença, será muito difícil manter o estatuto de indemnidade, a menos que exista um bom sistema de vigilância. Atualmente, os casos de malária humana diminuíram, mas *o P. knowlesi* tornou-se a espécie predominante que afecta os seres humanos na Malásia. No entanto, a carga real, o potencial de transmissão de humano para humano através da picada de mosquito e também os vectores envolvidos permanecem desconhecidos. Foi também demonstrado que, em zonas onde os casos humanos foram reduzidos, a malária do tipo knowlesi está a aumentar. Também não se sabe quantos casos assintomáticos contribuem para a epidemiologia global da *P. knowlesi.*

A desflorestação tem sido um dos principais factores que contribuem para a transmissão de *P. knowlesi* aos seres humanos. Os mosquitos vectores parecem ter seguido os macacos de cauda longa desde a floresta profunda até à orla da floresta. Em muitas zonas, a floresta deu lugar a plantações. Se estes mosquitos se adaptarem ao ecossistema das plantações, criar-se-á um foco de transmissão de *P. knowlesi*. Atualmente, não há provas de mudança de hospedeiro por *P. knowlesi* e também não há muitas provas de que os outros parasitas da malária símia sejam transmitidos aos seres humanos, à exceção de um único caso de *P cynomolgi* [38]. Agora que a malária é uma zoonose, será difícil eliminar a doença e é necessário trabalhar em todos os aspectos do parasita, dos vectores e dos hospedeiros.

No que respeita à filariose, o problema da entrada de *W. bancrofti* no país é preocupante. O *Cx. quinquefasciatus* local é o principal vetor e é suscetível ao *W. bancrofti*. Felizmente, o parasita não se multiplica no vetor e talvez o risco de transmissão local seja baixo. No entanto, é necessário dispor de equipas de vigilância para garantir que o parasita não infecta a população local.

Foi revelado que atualmente existe potencial para *B. phangi* infetar seres humanos [241]. No entanto, a infeção patente nos seres humanos não foi estabelecida. O vetor *Armigeres subalbatus* foi incriminado e, na mesma área, os gatos foram considerados positivos [294]. Será necessário um grande empenhamento por parte das agências governamentais para que haja uma vigilância adequada após a eliminação da filariose.

No entanto, no caso da transmissão de flavivírus ao ser humano, esta deveu-se ao alastramento de uma transmissão zoonótica ou à fuga de um ciclo zoonótico para um ciclo urbano. Os ciclos zoonótico e urbano facilitaram a existência de diferentes espécies de vectores. A febre hemorrágica é transmitida pela espécie *Aedes* e a forma de encefalite pela espécie *Culex*.

O vírus Zika foi isolado de um macaco rhesus na floresta Zika do Uganda em 1947. Desde então, espalhou-se para fora da sua área de distribuição natural para as ilhas do Pacífico Sul [295] e foi detectado no Brasil em 2015 [295]. Embora o mosquito *Ae. aegypti* tenha sido considerado positivo para o vírus Zika em 1966 [115], até à data não foi registado qualquer caso neste país. Era suposto ser uma doença ligeira, mas os surtos recentes causaram microcefalia [296]. Esta doença ligeira causou agora uma atração global e está a ser dispersa por vários países através de viagens internacionais. Existe a preocupação de que o vírus Zika possa seguir a mesma via que o CHIKV. O CHIKV é originário de África, tendo-se depois propagado à Ásia e causado epidemias na Índia e no Sudeste Asiático entre as décadas de 1950 e 1980. Em 2004, reapareceu na África Oriental, espalhou-se para a Ásia e depois para o resto do mundo [295]. Os investigadores Musso et al [295] têm a forte convicção de que o Zika pode seguir a mesma via e, se o vírus se adaptar a um ciclo urbano com o *Ae. aegypti* como vetor e o ser humano como hospedeiro amplificador, tornar-se-á um problema público grave. Pode demorar algum tempo a desenvolver uma vacina, pelo que é muito importante introduzir novos instrumentos para a vigilância e o controlo do *Ae. aegypti* e do *Ae. albopictus.*

O vírus da febre amarela (YFV) é também um flavivírus que é mantido nos primatas não humanos pelo *An. africanus* em África. No entanto, o vírus da febre amarela propagou-se às zonas urbanas e é transmitido pelo *Ae. aegypti*. Nos últimos anos, os casos de VFJ aumentaram em África devido à reinvasão dos ambientes urbanos pelo vetor *Ae. aegypti*, à rápida urbanização com migração rural-urbana das pessoas e a um programa de imunização deficiente [297]. Atualmente, Angola foi atingida por uma epidemia em que 450 pessoas foram infectadas e 170 morreram. Esta é a primeira epidemia nos últimos 30 anos e o surto começou em dezembro de 2015. Alastrou a 6 das 18 províncias do país (http://www.who.int/) avaliadas até 30 de março de 2016. Existe uma vacina para a febre-amarela, mas a epidemia é grave e pode constituir uma ameaça global. Mais uma vez, a ênfase tem de ser colocada no controlo do *Ae. aegypti.* Uma vez que os ovos do mosquito *Aedes* podem resistir à dessecação, podem facilmente dispersar-se e colonizar novas áreas ou reinfectar áreas antigas.

O vírus do Nilo Ocidental é também um flavivírus originário de África, da Ásia, da Europa e da Austrália e causou recentemente grandes epidemias na Roménia, na Rússia e em Israel, tendo-se também propagado à América do Norte em 1999 [298]. Os mosquitos *Culex* sp estão envolvidos na transmissão e o hospedeiro de amplificação são as aves migratórias.

O aumento de algumas das doenças transmitidas por mosquitos pode dever-se à rápida urbanização, à desflorestação e ao aumento das deslocações. Chegou a altura de o público eliminar os mosquitos que se reproduzem dentro e à volta das suas casas, destruindo os locais de reprodução, para que os funcionários da saúde possam tratar de problemas como a terra de ninguém. São necessários novos paradigmas para conter as epidemias.

Referências

1. Ministério da Saúde, Relatório Anual do Ministério da Saúde da Malásia 2012 [Em linha]. Disponível: www.google.com.my/?gws_rd=ssl#q=Annual+report+Ministry +of+Health. Acedido em 3 de fevereiro de 2016

2. Organização Mundial de Saúde. Eliminating Malaria Case Study 8. Genebra: OMS, 2015.

3. Bhatia R, Dash AP, Sunyoto T. Changing epidemiology of dengue in SouthEast Asia. WHO South-East Asia J Public Health. 2013;2(1):23.

4. Skae F. Dengue em Penang. Brit Med J. 1902;2(2185):1581.

5. Yew YW, Ye T, Ang LW, Ng LC, Yap G, James L, *et al.* Seroepidemiologia da infeção pelo vírus da dengue entre adultos em Singapura. Ann Acad Med Singapore. 2009;38(8):667-75.

6. Mudin RN. Dengue incidence and the prevention and control programme in Malaysia (Incidência de dengue e programa de prevenção e controlo na Malásia). Int Med J Malaysia. 2015;14(1):5-9.

7. Marchette N, Rudnick A, Garcia R. Alphaviruses in peninsular Malaysia: II. Provas serológicas de infeção humana. The Southeast Asian J Trop Med Public Health. 1980;11(1):14-23.

8. Lam S, Chua K, Hooi P, Rahimah M, Kumari S, Tharmaratnam M, *et al.* Infeção por Chikungunya - uma doença emergente na Malásia. Southeast Asian J Trop Med Public Health. 2001;32(3):447- 51.

9. Sam JI. Reemergência de chikungunya endémica, Malásia. Emerg Infect Dis. 2007;13:147.

10. Ayu SM, Lai LR, Chan YF, Hatim A, Hairi NN, Ayob A, *et al.* Inquérito de seroprevalência do vírus chikungunya em Bagan Panchor, Malásia. Am J Trop Med Hyg. 2010;83(6):1245-8.

11. Noridah O, Paranthaman V, Nayar S, Masliza M, Ranjit K, Norizah I, *et al.* Surto de chikungunya devido a vírus do genótipo da África Central/Leste na Malásia. Med J Malaysia. 2007;62(4):323-8.

12. Sam IC, Chan YF, Chan SY, Loong SK, Chin HK, Hooi PS, *et al.* Vírus Chikungunya de genótipos asiáticos e da África Central/ Oriental na Malásia. J Clin Virol. 2009;46(2):180-3.

13. Laurence B. Elephantiasis in Greece and Rome and the Queen of Punt (Elefantíase na

Grécia e em Roma e a Rainha de Punt). Trans Roy Soc Trop Med Hyg. 1967;61(4):612-3.

14. Mak JW. Filariasis in Southeast Asia. Ann Acad Med, Singapura. 1981; 10(1):112.

15. Murray CJ, Vos T, Lozano R, Naghavi M, Flaxman AD, Michaud C, *et al.* Disability-adjusted life years (DALYs) for 291 diseases and injuries in 21 regions, 1990-2010: a systematic analysis for the global burden of disease tudy 2010. Lancet. 2013;380(9859):2197-223.

16. Garg P, Nagpal J, Khairnar P, Seneviratne SL. Economic burden of dengue infections in India (Carga económica das infecções por dengue na Índia). Trans Roy Soc of Trop Med Hyg. 2008;102(6):570-7.

17. White N. *Plasmodium knowlesi:* o quinto parasita da malária humana. Clin Infect Dis. 2008;46(2):172.

18. Organização Mundial da Saúde. Relatório mundial sobre a malária 2014: OMS; 2015.

19. Chin W, Contacos PG, Coatney GR, Kimball HR. Uma malária do tipo quotidiano adquirida naturalmente no homem e transferível para os macacos. Science. 1965; 149(3686):865.

20. Singh B, Sung LK, Matusop A, Radhakrishnan A, Shamsul SSG, Cox-Singh J, *et al.* Um grande foco de infecções por *Plasmodium knowlesi* adquiridas naturalmente em seres humanos. Lancet. 2004;363(9414):1017-24.

21. Cox Singh J, Davis TME, Lee KS, Shamsul SSG, Matusop A, Ratnam S, *et al.* A malária causada *pelo Plasmodium knowlesi* em seres humanos está amplamente distribuída e é potencialmente fatal. Clin Infect Dis. 2008;46(2):165-71.

22. Jongwutiwes S, Putaporntip C, Iwasaki T, Sata T, Kanbara H. Malária *Plasmodium knowlesi* adquirida naturalmente em seres humanos, Tailândia. Emerg Infect Dis. 2004;10:2211-3.

23. Zhu H, Li J, Zheng H. Infeção humana natural do *Plasmodium knowlesi.* Zhongguo ji sheng chong xue yu ji sheng chong bing za zhi= Chin J Parasitol Parasit Dis. 2006;24(1):70.

24. Vythilingam I, Noor Azian YM, Huat TC, Jiram AI, Yusri YM, Azahari AH, *et al.* *Plasmodium knowlesi* em seres humanos, macacos e mosquitos na Malásia peninsular. Parasit Vectors. 2008;1:26.

25. Luchavez J, Espino F, Curameng P, Espina R, Bell D, Chiodini P, *et al.* Infecções humanas com *Plasmodium knowlesi,* Filipinas. Emerg Infect Dis. 2008;14(5):811-3.

26. Van den Eede P, Van HN, Van Overmeir C, Vythilingam I, Duc TN, Hung le X, et al. Infecções humanas *por Plasmodum knowlesi* em crianças pequenas no Vietname central. Malar J. 2009;8:249.

27. Ng OT, Ooi EE, Lee CC, Lee PJ, Ng LC, Pei SW, *et al.* Infeção humana por *Plasmodium knowlesi* adquirida naturalmente, Singapura. Emerg Infect Dis. 2008;14(5):814.

28. Figtree M, Lee, R., Bain, L., Kennedy, T., Mackertich, S., Urban, M., Cheng, Q., Hudson, B.J. *Plasmodium knowlesi* in Human, Indonesian Borneo. Emerg Infect Dis. 2010;14(4):672-4.

29. Khim N, Siv S, Kim S, Mueller T, Fleischmann E, Singh B, *et al.* Infeção por *Plasmodium knowlesi* em seres humanos, Camboja, 2007-2010. Emerg Infect Dis. 2011;17(10):1900.

30. William T, Menon J, Rajahram G, Chan L, Ma G, Donaldson S, *et al.* Malária grave *por Plasmodium knowlesi* num hospital de cuidados terciários, Sabah, Malásia. Emerg Infect Dis. 2011;17:1248-54.

31. Hoosen A, Shaw M. *Plasmodium knowlesi* num viajante que regressa à Nova Zelândia. Travel Med Infect Dis. 2011;9(3):144-8.

32. Mali S, Steele S, Slutsker L, Arguin PM. Vigilância da malária - Estados Unidos, 2006. MMWR Surveill Summ. 2008;57(5):24-39.

33. Kantele A, Marti H, Felger I, Muller D, Jokiranta TS. Malária do macaco num viajante europeu que regressa da Malásia. Emerg Infect Dis. 2008;14(9).

34. Bronner U, Divis PCS, Farnert A, Singh B. Viajante sueco com malária *Plasmodium knowlesi* depois de visitar o Bornéu da Malásia: relato de um caso. Malar J. 2009;8(1):15.

35. Tang TH, Salas A, Ali-Tammam M, Martinez M, Lanza M, Arroyo E, *et al.* Primeiro caso de deteção de *Plasmodium knowlesi* em Espanha por PCR em tempo real num viajante do Sudeste Asiático. Malar J. 2010;9(1):219.

36. Berry A, Iriart X, Wilhelm N, Valentin A, Cassaing S, Witkowski B, *et al.* Malária *por Plasmodium knowlesi* importado num turista francês regressado da Tailândia. Am J Trop Med Hyg. 2011;84(4):535-8.

37. Eyles DE, Coatney GR, Getz ME. Parasita da malária do tipo Vivax de macacos transmissível ao homem. Science. 1960;131(3416):1812-3.

38. Ta TH, Hisam S, Lanza M, Jiram AI, Ismail N, Rubio JM. Primeiro caso de uma infeção humana naturalmente adquirida com *Plasmodium cynomolgi.* Malar J.

2014;13(1):68.

39. Sinka ME, Bangs MJ, Manguin S, Chareonviriyaphap T, Patil AP, Temperley WH, *et al.* Os *Anopheles* vectores dominantes da malária humana na região Ásia-Pacífico: dados de ocorrência, mapas de distribuição e precisão bionómica. Parasit Vectors. 2011;4(1):1-46.

40. Manguin S, Garros C, Dusfour I, Harbach RE, Coosemans M. Bionomics, taxonomy, and distribution of the major malaria vetor taxa of *Anopheles* subgenus *Cellia* in Southeast Asia: Uma revisão actualizada. Infect Genet Evol. 2008;8(4):489-503.

41. Reid JA. Anopheline Mosquitoes of Malaya and Borneo. Malásia: Inst Medical Res Malaysia; 1968. 520 p.

42. Sandosham AA, Thomas V. Malariology: with special reference to Malaya: Coronet Books; 1983.

43. Chiang GL, Loong KP, Chan ST, Eng KL, Yap HH. Estudos de captura-recaptura com *Anopheles maculatus* Theobald (Diptera: Culicidae), o vetor da malária na Malásia peninsular. Southeast Asian J Trop Med Public Health. 1991; 22(4):643.

44. Vythilingam I, Foo LC, Chiang GL, Chan ST, Eng KL, Mahadevan S, *et al.* O impacto dos mosquiteiros impregnados de permetrina no vetor da malária *Anopheles maculatus* (Diptera:Culicidae) em aldeias aborígenes de Pos Betau Pahang, Malásia. Southeast Asian J Trop Med Pub Health. 1995;26(2):354-8.

45. Vythilingam I, Chiang GL, Lee HL, Singh KI. Bionomics of important mosquito vectors in Malaysia (Bionomia de mosquitos vectores importantes na Malásia). Southeast Asian J Trop Med Public Health. 1992;23(4):587- 603.

46. Rahman WA, Che'Rus A, Ahmad AH. Malária e mosquitos *Anopheles* na Malásia. Southeast Asian J Trop Med Public Health. 1997;28(3):599.

47. Manguin S, Boete C. Impacto global da biodiversidade dos mosquitos, doenças humanas transmitidas por vectores e alterações ambientais: INTECH Open Access Publisher; 2011.

48. Hii JKL, Kan S, Pereria M, Parmar SS, Campos RL, Chan MKC. Dinâmica da transmissão e estimativas da capacidade de vectorização da malária para *An. balabacensis* e *An. flavirostris* na ilha de Banggi, Sabah, Malásia. Ann Trop Med Parasitol. 1988;82:91-101.

49. Chang M, Doraisingam P, Hardin S, Nagum N. Malaria and filariasis transmission in a village/forest setting in Baram District, Sarawak, Malaysia. J Trop Med Hyg. 1995;98(3):192-8.

50. Yang CO, Maria FS, Wharton R. Manutenção de uma colónia de laboratório de *Anopheles maculatus* Teobald através de acasalamento artificial. Mosq News. 1963;23:34-5.

51. Esah S, Scanlon J. Notes on a laboratory colony of *Anopheles balabacensis* Baisas, 1936 (Notas sobre uma colónia de laboratório de *Anopheles balabacensis* Baisas, 1936). Mosq News. 1966;26(4):509-11.

52. Amir A, Sum JS, Lau YL, Vythilingam I, Fong MY. Colonização de *Anopheles cracens:* um vetor de malária de importância emergente. Parasit Vectors. 2013;6:81.

53. Vythilingam I, Chan S, Shanmugratnam C, Tanrang H, Chooi K. O impacto do desenvolvimento de actividades de controlo da malária nos seus vectores na área de Kinabatangan em Sabah, Malásia Oriental. Ata Trop 2005;96(1):24-30.

54. Chang MS, Hii J, Buttner P, Mansoor F. Changes in abundance and behaviour of vetor mosquitoes induced by land use during the development of an oil palm plantation in Sarawak. Trans Roy Soc Trop Med Hyg. 1997;91(4):382-6.

55. Garret-Jones C, Shidrawi GR. Capacidade de vectorização da malária de uma população de *Anopheles gambiae,* um exercício de entomologia epidemiológica. Boletim do Órgão Mundial de Saúde. 1969;40:531-45.

56. Wirtz R, Burkot T, Graves P, Andre R. Field evaluation of enzyme-linked immunosorbent assays for *Plasmodium falciparum* and *Plasmodium vivax* sporozoites in mosquitoes (Diptera:Culicidae) from Papua New Guinea. J Med Entomol. 1987;24(4):433-7.

57. Tassanakajon A, Boonsaeng V, Wilairat P, Panyim S. Polymerase chain reaction detection of *Plasmodium falciparum* in mosquitoes. Trans Roy Soc Trop Med Hyg. 1993;87(3):273-5.

58. Vythilingam I, Nitiavathy K, Yi P, Bakotee B, Hugo B, Singh B, *et al.* Um método altamente sensível, baseado na reação em cadeia da polimerase aninhada, que utiliza uma extração simples de ADN para detetar esporozoítos de malária em mosquitos. Southeast Asian J Trop Med Public Health. 1999;30(4):631-5.

59. Wharton RH, Eyles DE. *Anopheles hackeri*, um vetor de *Plasmodium knowlesi* na Malásia. Science. 1961;134(3474):279.

60. Warren MW, Wharton RH. The vectors of simian malaria: identity, biology, and geographical distribution [Os vectores da malária símia: identidade, biologia e distribuição geográfica]. J Parasitol. 1963:892-904.

61. Cheong WH, Warren MW, *Omar* AH, Mahadevan S. *Anopheles balabacensis*

identificado como vetor da malária símia na Malásia. Science. 1965;150(3701):1314.

62. Warren MW, Cheong WH, Fredericks HK, Coatney GR. Ciclos de malária da selva na Malásia Ocidental. Am J Trop Med Hyg. 1970;19(3):383.

63. Tan CH, Vythilingam I, Matusop A, Chan ST, Singh B. Bionomics of *Anopheles latens* in Kapit, Sarawak, Malaysian Borneo in relation to the transmission of zoonotic simian malaria parasite *Plasmodium knowlesi.* Malar J. 2008;7:52.

64. Vythilingam I, Tan CH, Asmad M, Chan ST, Lee KS, Singh B. Natural transmission of *Plasmodium knowlesi* to humans by *Anopheles latens* in Sarawak, Malaysia. Trans Roy Soc Trop Med Hyg. 2006;100(11):1087-8.

65. Tan CH. Identificação de vectores de *Plasmodium knowlesi* e outros parasitas da malária e estudos sobre a sua bionomia em Kapit, Sarawak, Malásia. Dissertação de mestrado da Universidade da Malásia, Sarawak (UNIMAS). 2008.

66. Vythilingam I, Jeffery J, Harbach R, Chan S, Tan C, Asmad M. *Anopheles (Cellia) kokhani*, N. Sp.(Diptera Culicidae) from Kapit, Sarawak, East Malaysia. Proc Entomol Soc Washington. 2007;109(2):463-8.

67. Jiram AI, Vythilingam I, Noor Azian YM, Yusof YM, Azahari AH, Fong MY. Investigação entomológica dos vectores de *Plasmodium knowlesi* em Kuala Lipis, Pahang, Malásia. Malar J. 2012;11(1):213.

68. Vythilingam I, Lim YA, Venugopalan B, Ngui R, Leong CS, Wong ML, *et al. Plasmodium knowlesi* malaria an emerging public health problem in Hulu Selangor, Selangor, Malaysia (2009-2013): epidemiologic and entomologic analysis. Parasit Vectors. 2014;7(1):436.

69. William T, Rahman HA, Jelip J, Ibrahim MY, Menon J, Grigg MJ, *et al.* Aumento da incidência de malária *Plasmodium knowlesi* após o controlo da malária *P falciparum* e *P. vivax* em Sabah, Malásia. PLoS Neg Trop Dis. 2013;7(1):e2026.

70. William T, Jelip J, Menon J, Anderios F, Mohammad R, Mohammad TAA, *et al.* Mudança da epidemiologia da malária em Sabah, Malásia: aumento da incidência de *Plasmodium knowlesi.* Malar J. 2014;13:390.

71. Rajahram GS, Barber BE, William T, Menon J, Anstey NM, Yeo TW. Mortes devidas a malária *por Plasmodium knowlesi* em Sabah, Malásia: associação com a notificação como *Plasmodium malariae* e artesunato parentérico tardio. Malar J. 2012;11(1):284.

72. Wong ML, Chua TH, Leong CS, Khaw LT, Fornace K, Wan-Sulaiman W-Y, *et al.* Dinâmica sazonal e espacial do vetor primário do *Plasmodium knowlesi* num foco de transmissão importante em Sabah, Malásia. PLoS Negl Trop Dis. 2015;9(10).

73. McArthur J. Malaria and its vectors in Borneo. Um estudo do maior problema de doença do Bornéu e dos mosquitos responsáveis pela sua transmissão, em todo o Bornéu do Norte e Labuan, Sarawak, Brunei e Bornéu Holandês, até ao final da primeira metade do século XX. Indian J Malariol. 1950;4(1):1-90.

74. Colless DH. Observations on the periodicity of natural infections in the anopheline mosquitoes of Borneo (Observações sobre a periodicidade das infecções naturais nos mosquitos anófeles do Bornéu). Med J Malay. 1952;6:234-40.

75. Hii J, Chew M, Sang V, Munstermann L, Tan S, Panyim S, *et al.* Análise genética populacional dos comportamentos de procura de hospedeiros e de repouso no vetor da malária, *Anopheles balabacensis* (Diptera:Culicidae). J Med Entomol. 1991;28(5):675-84.

76. Hii JK. O vetor da malária *Anopheles* na Malásia, com referência a Sabah. In: Harinasuta C R, DC, editor. Problems of malaria in Semic countries Tóquio: Centro de Informação Médica do Sudeste Asiático; 1985. p. pp 71-81.

77. Rohani A LH, Hassan AR, Chan ST, Ong YF, Abdullah, AG, HL Bionomics of *Anopheles balabacensis* Baisas, the Principal Malaria Vetor in Ranau, Sabah. Trop Biomed. 1999;16:31-8.

78. Sallum MAM, Peyton EL, Harrison BA, Wilkerson RC. Revisão do grupo Leucosphyrus de *Anopheles* (Cellia)(Diptera, Culicidae). Rev Bras Sudeste Asiático. Mosquitos *Anopheles* - novas percepções sobre os vetores da malária. Intech 2013;10.

80. Trung HD, Van Bortel W, Sochantha T, Keokenchanh K, Quang NT, Cong LD, *et al.* Transmissão da malária e principais vectores da malária em diferentes áreas geográficas do Sudeste Asiático. Trop Med Int Health. 2004;9(2):230-7.

81. Vythilingam I, Sidavong B, Chan ST, Phonemixay T, Vanisaveth V, Sisoulad P, *et al.* Epidemiologia da malária na província de Attapeu, RDP do Laos, em relação a parâmetros entomológicos. Trans Roy Soc Trop Med Hyg. 2005;99(11):833-9.

82. Vythilingam I, Phetsouvanh R, Keokenchanh K, Yengmala V, Vanisaveth V, Phompida S, *et al.* A prevalência de mosquitos *Anopheles (*Diptera:Culicidae) na província de Sekong, RDP do Laos, em relação à transmissão da malária. Trop Med Int Health. 2003;8(6):525-35.

83. Vythilingam I, Hii J. Simian malaria parasites: special emphasis on *Plasmodium knowlesi* and their anopheles vectors in Southeast Asia. *Anopheles* mosquitoes - new insights into malaria vectors: Intech. 2013;15

84. Singh J, Tham AS. Case history on malaria vetor control through the application of

environmental management in Malaysia (História de um caso de controlo do vetor da malária através da aplicação da gestão ambiental na Malásia). Genebra, Organização Mundial de Saúde 1988.

85. Field J, Reid J. Malaria control in Malaya; an appreciation of the work of Sir Malcolm Watson. J Trop Med Hyg. 1956;59(2):23.

86. Lengeler C. Insecticide-treated bed nets and curtains for preventing malaria. Cochrane Database Syst Rev. 2004;2(2):1-49.

87. Charlwood J, Graves P. The effect of permethrinimpregnated bednets on a population of *Anopheles farauti* in coastal Papua New Guinea. Med Vet Entomol. 1987;1(3):319-27.

88. Lindsay S, Adiamah J, Miller J, Armstrong J. Efeitos dos mosquiteiros tratados com piretróides nos mosquitos do complexo *Anopheles gambiae* na Gâmbia. Med Vet Entomol. 1991;5(4):477-83.

89. Magesa S, Wilkes T, Mnzava A, Njunwa K, Myamba J, Kivuyo M, *et al.* Ensaio de mosquiteiros impregnados com piretróides numa zona da Tanzânia holoendémica para a malária - Parte 2. Efeitos na população de vectores da malária. Ata Trop. 1991;49(2):97-108.

90. Samarawickrema W, Parkinson A, Kere N, Alo O. Abundância sazonal e comportamento de picada de *Anopheles punctulatus* e *An. koliensis* na província de Malaita, Ilhas Salomão, e um ensaio de mosquiteiros impregnados de permetrina contra a transmissão da malária. Med Vet Entomol. 1992;6(4):371-8.

91. Alonso PL, Lindsay SW, Armstrong J, de Francisco A, Shenton F, Greenwood B, *et al.* The effect of insecticide-treated bed nets on mortality of Gambian children. Lancet. 1991;337(8756):1499-502.

92. Vythilingam I, Pascua B, Mahadevan S. Assessment of a new type of permethrin impregnated mosquito net. J Biosci. 1996;7:63-70.

93. Vythilingam I, Chiang GL, Amatachaya C. Adulticidal effect of cyfluthrin against mosquitos of public health importance in Malaysia (Efeito adulticida da ciflutrina contra mosquitos de importância para a saúde pública na Malásia). Southeast Asian J Trop Med Public Health. 1992;23(1):111-5.

94. Vythilingam I, Chiang GL, Mahadevan S, Eng KL, Chan ST, Singh KI. Estudos sobre o efeito da lmbdacyhalothrin em *Anopheles maculatus* Theobald e a sua resposta à pulverização residual em Jeram Kedah, Negeri Sembilan, Malásia. Southeast Asian J Trop Med Public Health. 1993;24(1):138-42.

95. Vythilingam I, Zainal AR, Hamidah T. Laboratory evaluation of lambda-cyhalothrin a microencapsulated formulation on mosquito nets for control of vetor mosquitos. Southeast Asian J Trop Med Public Health. 1999;30(1):177-83.

96. Rohani A, Cecilia T, Vythilingam I, Chiang G. Adulticidal effect of Trebon (Etofenprox OMS-3002) against mosquitoes of public health importance in Malaysia. Trop Biomed. 1993;10:159-164.

97. Vythilingam I, Chaudhury N. Simulated field trials of the efficacy of bed-nets impregnated with pyrethroids-permethrin and deltamethrin. Trop Biomed. 1998;15(1):15-20.

98. Vythilingam I, Achmad S, Nazni W. Um estudo comparativo para determinar a eficácia de mosquiteiros impregnados em fábrica e em laboratório. Trop Biomed. 2000; 17(2):87-91.

99. Vythilingam I, Sutjipto SKM, Tan SB. The effectiveness of kits for home dipping for treatment of mosquito nets. Trop. Biomed. 2003;20:19-25.

100. Guillet P, Alnwick D, Cham M, Neira M, Zaim M, Heymann D, *et al.* Long- lasting treated mosquito nets: a breakthrough in malaria prevention. Boletim do Órgão Mundial de Saúde. 2001;79(10):998.

101. Vythilingam I. Review Paper *Plasmodium knowlesi* in humans: a review on the role of its vectors in Malaysia. Trop Biomed. 2010;27(1):1-12.

102. Tainchum K, Kongmee M, Manguin S, Bangs MJ, Chareonviriyaphap T. Diversidade de espécies de *Anopheles* e distribuição dos vectores da malária na Tailândia. Trend Parasitol. 2015;31(3):109-19.

103. Lee KS, Vythilingam, I. *Plasmodium knowlesi:* Malária humana emergente no Sudeste Asiático. Lim YAL, Vythilingam, I, editor. Heidelberg: Springer; 2013. 5-31 p.

104. Lee KS, Divis PCS, Zakaria SK, Matusop A, Julin RA, Conway DJ, *et al.* *Plasmodium knowlesi:* reservatório de hospedeiros e rastreio da emergência em humanos e macacos. PLoS Pathol. 2011;7(4).

105. Akter R, Vythilingam I, Khaw LT, Qvist R, Lim YA-L, Sitam FT, *et al.* Malária símia em macacos selvagens: primeiro relatório do distrito de Hulu Selangor, Selangor, Malásia. Malar J. 2015;14(1):1-9.

106. Rohani A, Azahary ARA, Zurainee MN, Najdah WMAW, Zamree I, Hanif MO, *et al.* Comparação entre a captura de pessoas e a armadilha luminosa CDC na amostragem de mosquitos em zonas endémicas de malária knowlesi na península da Malásia.

Advances Entomol. 2015;4(01):1.

107. Ng LC, Lee KS, Tan CH, Ooi PL, Lam-Phua SG, Lin R, *et al.* Investigação entomológica e molecular da transmissão de *Plasmodium vivax* em Singapura, 2009. Malar J. 2010;9(1):305.

108. Gubler DJ, Clark GG. Dengue/dengue hemorrágica: a emergência de um problema de saúde global. Emerg Infect Dis. 1995;1(2):55.

109. Teng AK, Singh S. Epidemiology and new initiatives in the prevention and control of dengue in Malaysia (Epidemiologia e novas iniciativas na prevenção e controlo da dengue na Malásia). Dengue Bull. 2001;25:7-12.

110. Powers AM, Brault AC, Tesh RB, Weaver SC. Re-emergência dos vírus chikungunya e O'nyong-nyong: provas de linhagens geográficas distintas e relações evolutivas distantes. J Gen Virol. 2000;81(2):471-9.

111. Abubakar S, Sam IC, Mat Rahim N, Hooi PS, *et al.* Reemergência de chikungunya endémica, Malásia. Emerg Infect Dis. 2007;13:147.

112. Wong PSJ, Li MZI, Chong CS, Ng LC, Tan C-H. *Aedes* (*Stegomyia*) *albopictus* (Skuse): um potencial vetor do vírus Zika em Singapura. PLoS Negl Trop Dis. 2013;7(8).

113. Li MI, Wong PSJ, Ng LC, Tan CH. Suscetibilidade oral do *Aedes* (*Stegomyia*) *aegypti* (Linnaeus) de Singapura ao vírus Zika. PLoS Negl Trop Dis. 2012; 6(8):e1792.

114. Campos GS, Bandeira AC, Sardi SI. Surto do vírus Zika, Bahia, Brasil. Emerg Infect Dis. 2015;21(10):1885.

115. Marchette N, Garcia R, Rudnick A. Isolamento do vírus Zika de mosquitos *Aedes aegypti* na Malásia. Am J Trop Med Hyg. 1969;18(3):411-5.

116. Surtees G. Factors affecting the oviposition of *Aedes aegypti (*Factores que afectam a oviposição do *Aedes aegypti).* Boletim do Órgão Mundial de Saúde. 1967;36(4):594.

117. Vythilingam I, Novi S, Seleena P. Resposta de oviposição de *Aedes aegypti* e *Aedes albopictus* em diferentes tipos de água. Trop Biomed. 1999;16:23-8.

118. Benzon GL, Apperson CS. Reexamination of chemically mediated oviposition behavior in *Aedes aegypti* (L.)(Diptera: Culicidae). J Med Entomol. 1988; 25(3):158-64.

119. Lee H. Breeding habitats and factors affecting breeding of *Aedes* larvae in urban towns of peninsular Malaysia (Habitats de reprodução e factores que afectam a reprodução de larvas *de Aedes* em cidades urbanas da Malásia peninsular). J Biosci.

1990;1:107-11.

120. Lee H. A nationwide resurvey of the factors affecting breeding of *Aedes aegypti* and *Aedes albopictus* in urban towns in peninsular Malaysia 1988-1989 (Um novo inquérito a nível nacional sobre os factores que afectam a reprodução de *Aedes aegypti* e *Aedes albopictus* nas cidades urbanas da Malásia peninsular). Trop Biomed. 1991;8:157-8.

121. Kek R, Hapuarachchi H, Chung C-Y, Humaidi MB, Razak MAB, Chiang S, *et al.* A gama de hospedeiros de alimentação do *Aedes albopictus* (Diptera: Culicidae) demonstra o seu comportamento oportunista de procura de hospedeiros na zona rural de Singapura. J Med Entomol. 2014;51(4):880-4.

122. Pant C, Yasuno M. Field studies on the gonotrophic cycle of *Aedes aegypti* in Bangkok, Thailand. J Med Entomol. 1973;10(2):219-23.

123. Scott TW, Chow E, Strickman D, Kittayapong P, Wirtz RA, Lorenz LH, *et al.* Padrões de alimentação de sangue de *Aedes aegypti* (Diptera:Culicidae) recolhidos numa aldeia rural tailandesa. *J Med Entomol.* 1993;30(5):922-7.

124. Platt KB, Linthicum KJ, Myint K, Innis BL, Lerdthusnee K, Vaughn DW. Impacto da infeção pelo vírus da dengue no comportamento alimentar do *Aedes aegypti.* Am J Trop Med Hyg. 1997;57(2):119-25.

125. Reiter P. Oviposition, dispersal, and survival in *Aedes aegypti:* implications for the efficacy of control strategies. Vetor Borne Zoonotic Dis. 2007;7(2):261- 73.

126. TunLin W, Burkot T, Kay B. Effects of temperature and larval diet on development rates and survival of the dengue vetor *Aedes aegypti* in north Queensland, Australia. Med Vet Entomol. 2000;14(1):31-7.

127. Macdonald W, Smith C, Webb H. Infecções por arbovírus em Sarawak: Observações sobre os mosquitos. J Med Entomol. 1965;1(4):335-47.

128. Harrington LC, Scott TW, Lerdthusnee K, Coleman RC, Costero A, Clark GG, *et al.* Dispersão do vetor da dengue *Aedes aegypti* dentro e entre comunidades rurais. Am J Trop Med Hyg. 2005;72(2):209-20.

129. Liew C, Curtis C. Horizontal and vertical dispersal of dengue vetor mosquitoes, *Aedes aegypti* and *Aedes albopictus,* in Singapore. Med Vet Entomol. 2004;18(4):351-60.

130. Chan KL. Singapore's dengue haemorrhagic fever control programme: a case study on the successful control of *Aedes aegypti* and *Aedes albopictus* using mainly environmental measures as a part of integrated vetor control: Tóquio: Centro de Informação Médica do Sudeste Asiático; 1985.

131. Ho T, Vythilingam I. Um inquérito preliminar sobre o *Ae. aegypti* na Península de Selangor, Malásia. Med J Malaya. 1980;24(4):409-14.

132. Sulaiman S, Pawanchee ZA, Arifin Z, Wahab A. Relação entre os índices de breteau e de casa e os casos de dengue/febre hemorrágica de dengue em Kuala Lumpur, Malásia. J Am Mosq Control Assoc. 1996;12:494-6.

133. Kumarasamy R. Dengue fever in Malaysia: time for review? Med J Malaysia. 2006;61(1):1-3.

134. Chen C, Nazni W, Lee H, Sofian-Azirun M. Variação semanal do estado de suscetibilidade dos mosquitos *Aedes* contra o temefos em Selangor, Malásia. Trop Biomed. 2005;22(2):195-206.

135. Lee H, Lime W. A re-evaluation of the susceptibility of field collected *Aedes (Stegomyia) aegypti* (Linnaeus) larvae to temephos in Malaysia. Mosq Borne Dis Bull. 1989;4(9):1-95.

136. Lee H, Asikin N, Nazni W, Sallehuddin S. Variações temporais do estado de suscetibilidade aos insecticidas do *Aedes albopictus* (Skuse) recolhido no terreno na Malásia. Trop Biomed. 1998;15(2):43-50.

137. Nazni W, Kamaludin M, Lee H, T Rogayah T, Sa'diyah I. Oxidase activity in relation to insecticide resistance in vectors of public health importance. Trop Biomed. 2000;17(2):69-79.

138. Paeporn P, Komalamisra N, Deesin V, Rongsriyam Y, Eshita Y, Thongrungkiat S. Resistência ao temefos em duas formas de *Aedes aegypti* e sua importância para o mecanismo de resistência. J Trop Med Saúde Pública do Sudeste Asiático. 2003;34(4):786-92.

139. Ponlawat A, Scott JG, Harrington LC. Insecticide susceptibility of *Aedes aegypti* and *Aedes albopictus* across Thailand (Suscetibilidade a insecticidas de *Aedes aegypti* e *Aedes albopictus* na Tailândia). J Med Entomol. 2005;42(5):821- 5.

140. Polson KA, Curtis C, Chang M, Olson JG, Chantha N, Rawlins S. Suscetibilidade de duas populações cambojanas de larvas do mosquito *Aedes aegypti* ao temefos em 2001. Dengue Bull. 2001;25:79-83.

141. Vythilingam I, Luz BM, Hanni R, Beng TS, Huat TC. Avaliação laboratorial e de campo do regulador de crescimento de insectos pyriproxyfen (Sumilarv 0.5G) contra vectores de dengue. J Am Mosq Control Assoc. 2005;21(3):296-300.

142. Editor da Organização Mundial de Saúde Review of the insect growth regulator pyriproxyfen GR, pp. 50D67. Relatório da 4ª reunião do grupo de trabalho

WHOPES; 2000.

143. Nayar JK, Ali A, Zaim M. Comparação da eficácia e da atividade residual de formulações granulares de reguladores de crescimento de insectos pyriproxyfen e s-methoprene contra mosquitos da Florida em condições laboratoriais e exteriores. J Am Mosq Control Assoc. 2002;18(3):196-201.

144. Gratz NG. Lições do controlo do *Aedes aegypti* na Tailândia. Med Vet Entomol. 1993;7(1):1-10.

145. Vythilingam I, Panart P. A field trial on the comparative effectiveness of malathion and Resigen by ULV application on *Aedes aegypti.* Southeast Asian J Trop Med Public Health. 1991;22(1):102-7.

146. Reiter P, Gubler DJ, Gubler D, Kuno G. Surveillance and control of urban dengue vectors. Nova Iorque: CAB International; 1997. 425-62 p.

147. Perich M, Davila G, Turner A, Garcia A, Nelson M. Behavior of resting *Aedes aegypti* (Culicidae: Diptera) and its relation to ultra-low volume adulticide efficacy in Panama City, Panama. J Med Entomol. 2000;37(4):541-6.

148. Tanrang Y, Vythilingam I. Ensaio de campo para determinar a eficácia da aplicação do piretróide Fendona 10SC utilizando um volume ultra baixo para o controlo dos mosquitos *Aedes*. Trop Biomed. 2004;21:57-65.

149. Esu E, Lenhart A, Smith L, Horstick O. Effectiveness of peridomestic space spraying with insecticide on dengue transmission; systematic review. Trop Med Int Health. 2010;15(5):619-31.

150. Tan CH, Wong PSJ, Li MZI, Tan SYS, Lee TKC, Pang SC, *et al.* Investigação entomológica e controlo de um grupo de chikungunya em Singapura. Vetor Borne Zoonotic Dis. 2011;11(4):383-90.

151. Cheng PS, Yoong FS, Baha PA, Lu D, Gek L-PS, Siang TC, *et al.* Avaliação de um recipiente de "nebulização" para a eliminação de *Aedes aegypti* adultos em recintos fechados. Dengue Bull. 2009;203-208.

152. Ng LC e Vythilingam I. Vetor of flaviviruses and strategies for Singapore (Vetor de flavivírus e estratégias para Singapura): Caister Academic Press; 2012. p. 336-58.

153. Kroeger A, Lenhart A, Ochoa M, Villegas E, Levy M, Alexander N, *et al.* Effective control of dengue vectors with curtains and water container covers treated with insecticide in Mexico and Venezuela: cluster randomised trials. Brit Med J. 2006;332(7552):1247-52.

154. Koou S-Y, Chong C-S, Vythilingam I, Ng L-C, Lee C-Y. Pyrethroid Resistance in

Aedes aegypti larvae (Diptera: Culicidae) From Singapore. *J Med Entomol.* 2014;51(1):170-81.

155. Koou S-Y, Chong C-S, Vythilingam I, Lee C, Ng L-C. Insecticide resistance and its underlying mechanisms in field populations of *Aedes aegypti* adults (Diptera: Culicidae) in Singapore [Resistência a insecticidas e mecanismos subjacentes em populações de campo de *Aedes aegypti* adultos (Diptera: Culicidae) em Singapura]. Parasit Vectors. 2014;7:471.

156. Wan-Norafikah O, Nazni WA, Lee HL, Zainol-Ariffin P, Sofian-Azirun M. Permethrin resistance in *Aedes aegypti* (Linnaeus) collected from Kuala Lumpur, Malaysia. J Asia-Pacific Entomol. 2010;13(3):175-82.

157. Othman W-N, Ahmad NW, Lim LH, Dhang CC, Mustapha W-NW, Hadi AA, *et al.* Deteção de resistência à permetrina no *Aedes albopictus* Skuse, recolhido na zona de Titiwangsa, Kuala Lumpur, Malásia. Proc ASEAN Congr Trop Med Parasitol. 2008;3:69-77.

158. Gubler DJ, Clark GG. Community involvement in the control of *Aedes aegypti.* Ata Trop. 1996;61(2):169-79.

159. Hwang J, Wang C, Chen Y, Roam G, Chow C, editores. Successful control of *Aedes aegypti* in Taiwan through community-based source reduction (Controlo bem sucedido do *Aedes aegypti* em Taiwan através da redução da fonte baseada na comunidade). Dengue, Proceedings of the International Conference on Dengue and *Aedes aegypti* Community-based Control eds Halstead, SB & Gomez-Dantes, H, México; 1992.

160. Ooi E-E, Goh K-T, Gubler DJ. Dengue prevention and 35 years of vetor control in Singapore (Prevenção da dengue e 35 anos de controlo do vetor em Singapura). *Emerg Infect Dis.* 2006;12(6):887-93.

161. Morrison AC, Zielinski-Gutierrez E, Scott TW, Rosenberg R. Defining challenges and proposing solutions for control of the virus vetor *Aedes aegypti.* PLoS Med. 2008;5(3):e68.

162. Farajollahi A, Kesavaraju B, Price DC, Williams GM, Healy SP, Gaugler R, *et al.* Eficácia no terreno das armadilhas BG-Sentinel e das armadilhas padrão da indústria para *Aedes albopictus* (Diptera: Culicidae) e vigilância do vírus do Nilo Ocidental. *J Med Entomol.* 2009;46(4):919-25.

163. Williams CR, Long SA, Russell RC, Ritchie SA. Eficácia no terreno da BG-Sentinel em comparação com os aspiradores de mochila CDC e as armadilhas EVS com isco de CO2 para a recolha de *Aedes aegypti* adultos em Cairns, Queensland, Austrália. J

Amer Mosq Control Assoc. 2006;22(2):296-300.

164. Maciel-de-Freitas R, Eiras AE, Lourengo-de-Oliveira R. Avaliação de campo da eficácia da BG-Sentinel, uma nova armadilha para captura de adultos de *Aedes aegypti* (Diptera: Culicidae). *Memo Inst Oswaldo Cruz.* 2006;101(3):321-5.

165. Ritchie SA, Moore P, Carruthers M, Williams C, Montgomery B, Foley P, *et al.* Descoberta de uma infestação generalizada de *Aedes albopictus* no Estreito de Torres, Austrália. J Am Mosq Control Assoc. 2006;22(3):358-65.

166. Vartak P, Tungikar V, Sharma R. Laboratory evaluation of an ovipositional trap for mosquito adults *Aedes aegypti* (L.)(Diptera: Culicidae). *J Comm Dis.* 1995;27(1):32-5.

167. Chadee DD, Ritchie SA. Efficacy of sticky and standard ovitraps for *Aedes aegypti* in Trinidad, West Indies. J Vetor Ecol. 2010;35(2):395-400.

168. Gama RA, Silva EM, Silva IM, Resende MC, Eiras AE. Avaliação do adesivo MosquiTRAP™ para deteção de *Aedes (Stegomyia) aegypti* (L.)(Diptera: Culicidae) durante a estação seca em Belo Horizonte, Minas Gerais, Brasil. Neotrop Enomol. 2007;36(2):294-302.

169. Ritchie SA, Long S, Smith G, Pyke A, Knox TB. Investigações entomológicas num foco de transmissão de dengue em Cairns, Queensland, Austrália, utilizando ovitrampas pegajosas. J Med Entomol. 2004;41(1):1-4.

170. de Santos E, de Melo-Santos M, de Oliveira C, Correia JC, de Albuquerque C. Avaliação de uma armadilha adesiva *(AedesTraP),* confeccionada com garrafas plásticas descartáveis, como ferramenta de monitoramento de populações de *Aedes aegypti.* Parasit Vectors. 2012;5:195.

171. Honório NA, Codeço CT, Alves F, Magalhães MdAFM, Lourenço-de-Oliveira R. Distribuição temporal de *Aedes aegypti* em diferentes bairros do Rio de Janeiro, Brasil, medida por dois tipos de armadilhas. J Med Entomol. 2009; 46(5):1001-14.

172. Resende MCd, Silva IM, Ellis BR, Eiras AE. Comparação da vigilância larvária, ovitrampas e MosquiTRAP para *Aedes (Stegomyia) aegypti.* Memo do Instituto Oswaldo Cruz. 2013;108(8):1024-30.

173. Lau SM, Vythilingam I, Doss JI, Sekaran SD, Chua TH, Sulaiman W, *et al.* Vigilância de mosquitos *Aedes* adultos em Selangor, Malásia. Trop Med Int Health. 2015;20(10):1271-80.

174. Tan CH, Wong PSJ, Li MZI, Vythilingam I, Ng LC. Avaliação da Dengue NS1 Ag Strip® para a deteção do antigénio do vírus da dengue em *Aedes aegypti* (Diptera: Culicidae). Vetor Borne Zoonotic Dis. 2011;11(6):789-92.

175. Lee C, Vythilingam I, Chong C-S, Razak MAA, Tan C-H, Liew C, *et al.* Gravitraps for management of dengue clusters in Singapore. Am J Trop Med Hyg. 2013;88(5):888-92.

176. Eiras ÁE, Resende MC. Avaliação preliminar da tecnologia "Dengue-MI" para monitoramento e controle do *Aedes aegypti*. Cadernos de Saúde Pública. 2009; 25:S45-S58.

177. Werren JH. Biologia da *Wolbachia.* Ann Rev Entomol. 1997;42(1):587-609.

178. Stouthamer R, Breeuwer JA, Hurst GD. *Wolbachia pipientis*: microbial manipulator of arthropod reproduction. Ann Rev Microbiol. 1999;53(1):71- 102.

179. Moreira LA, Iturbe-Ormaetxe I, Jeffery JA, Lu G, Pyke AT, Hedges LM, *et al.* A *Wolbachia* symbiont in *Aedes aegypti* limits infection with dengue, chikungunya, and *Plasmodium.* Cell. 2009;139(7):1268-78.

180. Bian G, Xu Y, Lu P, Xie Y, Xi Z. A bactéria endossimbiótica *Wolbachia* induz resistência ao vírus da dengue no *Aedes aegypti.* PLoS Pathog. 2010; 6(4):e1000833.

181. Baton LA, Pacidônio EC, da Silva Gonçalves D, Moreira LA. w Flu: Caracterização e avaliação de uma *Wolbachia* nativa do mosquito *Aedes fluviatilis* como potencial agente de controle vetorial. PloS One. 2013;8(3):e59619.

182. Hoffmann A, Montgomery B, Popovici J, Iturbe-Ormaetxe I, Johnson P, Muzzi F, *et al.* Successful establishment of *Wolbachia* in *Aedes* populations to suppress dengue transmission. *Nature.* 2011;476(7361):454-7.

183. Moreira LA, Iturbe-Ormaetxe I, Jeffery JA, Lu G, Pyke AT, Hedges LM, *et al.* *Wolbachia* Symbiont in *Aedes aegypti,* Limits Infection with Dengue, chikungunya, and *Plasmodium.* Cell. 2009;139(7):1268-78.

184. Ahmad R, Ismail A, Saat Z, Lim LH. Deteção do vírus da dengue em adultos e larvas *de Aedes aegypti* e *Aedes albopictus* no terreno. Southeast Asian Journal of Trop Med Public Health. 1997;28:138-42.

185. Joanne S, Vythilingam I, Yugavathy N, Leong C-S, Wong M-L, AbuBakar S. Distribuição e dinâmica da infeção por *Wolbachia* no *Aedes albopictus* da Malásia. Ata Trop. 2015;148:38-45.

186. Kitrayapong P, Baimai V, O'Neill SL. Prevalência de *Wolbachia* no campo no mosquito vetor *Aedes albopictus.* Am J Trop Med Hyg. 2002;66(1):108-11.

187. Armbruster P, Damsky WE, Giordano R, Birungi J, Munstermann LE, Conn JE. Infection of New-and Old-World *Aedes albopictus* (Diptera: Culicidae) by the intracellular parasite *Wolbachia*: implications for host mitochondrial DNA evolution.

J Med Entomol. 2003;40(3):356-60.

188. Mousson L, Zouache K, Arias-Goeta C, Raquin V, Mavingui P, Failloux A-B. Os simbiontes nativos *de Wolbachia* limitam a transmissão do vírus da dengue em *Aedes albopictus*. PLoS Negl Trop Dis. 2012;6(12):e1989.

189. O'Connor L, Plichart C, Sang AC, Brelsfoard CL, Bossin HC, Dobson SL. Libertação aberta de mosquitos machos infectados com um biopesticida *Wolbachia*: desempenho no terreno e contenção da infeção. PLoS Negl Trop Dis. 2012;6(11):e1797.

190. Krafsur E. Técnica de insectos estéreis para a supressão e erradicação de populações de insectos: 55 anos e a contar. *J Agri Entomol.* 1998;15(4):303-17.

191. Phuc HK, Andreasen MH, Burton RS, Vass C, Epton MJ, Pape G, *et al.* Sistemas genéticos letais dominantes de ação tardia e controlo de mosquitos. BMC Biol. 2007;5(1):11.

192. Massonnet-Bruneel B, Corre-Catelin N, Lacroix R, Lees RS, Hoang KP, Nimmo D, *et al.* Fitness of transgenic mosquito *Aedes aegypti* males carrying a dominant lethal genetic system. PloS One. 2013;8(5):e62711.

193. Harris AF, Nimmo D, McKemey AR, Kelly N, Scaife S, Donnelly CA, *et al.* Field performance of engineered male mosquitoes. Nature Biotechno. 2011; 29(11):1034-7.

194. Lacroix R, McKemey AR, Raduan N, Wee LK, Ming WH, Ney TG, *et al.* Libertação em campo aberto de *Aedes aegypti* macho estéril geneticamente modificado na Malásia. PloS One. 2012;7(8):e42771.

195. Lee H, Vasan S, Ahmad NW, Idris I, Hanum N, Selvi S, *et al.* Compatibilidade de acasalamento e competitividade do *Aedes aegypti* (L.) transgénico e do tipo selvagem em condições de semi-campo. Transgenic Res. 2013;22(1):47-57.

196. Ross R. A epidemia de Newala: III. O vírus: isolamento, propriedades patogénicas e relação com a epidemia. J Hyg. 1956;54(02):177-91.

197. Sam I-C, Loong S-K, Michael JC, Chua C-L, Sulaiman WYW, Vythilingam I, *et al.* Caracterização genotípica e fenotípica do vírus chikungunya de diferentes genótipos da Malásia. PloS One. 2012;7(11):e50476.

198. Apandi Y, Nazni W, Noor Azleen Z, Vythilingam I, Noorazian M, Azahari A, *et al.* O primeiro isolamento do vírus chikungunya de primatas não humanos na Malásia. J Gen Mol Virol. 2009;1(3):35-9.

199. Kumarasamy V, Prathapa S, Zuridah H, Norizah I, Chua K. Re-emergência do vírus chikungunya na Malásia. Med J Malaysia. 2006;61(2):221.

200. Rozilawati H, Faudzi A, Rahidah AS, Azlina AN, Abdullah A, Amal N, *et al.* Estudo

entomológico das infecções por chikungunya no Estado de Kelantan, Malásia. Indian J Med Res. 2011;133(6):670.

201. Wong HV, Vythilingam I, Sulaiman WYW, Lulla A, Merits A, Chan YF, *et al.* Deteção de ARN persistente do vírus Chikungunya mas não de vírus infecioso na transmissão vertical experimental em *Aedes aegypti* da Malásia. Am J Trop Med Hygiene. 2016;94(1):182-6.

202. Duong V, Lambrechts L, Paul RE, Ly S, Lay RS, Long KC, *et al.* Asymptomatic humans transmit dengue virus to mosquitoes. Proc Nat Acad Sciences. 2015;112(47):14688-93.

203. Organização Mundial de Saúde. Programa global para eliminar a filariose linfática. Wkly Epidemiol Rec. 2008;83(37):333-41.

204. Noordin R, Shenoy R, Lim B-H, Ramachandran C. Filarial Worms in Southeast Asia. Parasitas e seus vectores: Springer; 2013. p. 33-56.

205. Mak J. Filariasis. Kuala Lumpur: Instituto de Investigação Médica, 1983 Contrato nº: 19.

206. Poynton JO, Hodgkin E. Two microfilariae of the Kra monkey *(Macaca irus).* Trans Roy Soc Trop Med Hyg. 1939;32(4):555-6.

207. Edeson J, Wharton R, Buckley J. Parasitas filariais semelhantes a *Wuchereria malayi* em animais domésticos e florestais na Malásia. Trans Roy Soc Trop Med Hyg. 1955;49(6):604-5.

208. Buckley J, Edeson J. On the adult morphology of *Wuchereria* sp. *(malayi?)* from a monkey (*Macaca irus*) and from cats in Malaya, and on *Wuchereria pahangi* n. sp. from a dog and a cat. J Helminthol. 1956;30(01):1-20.

209. Mak JW, Cheong WH, Yen PK, Lim PK, Chan WC. Estudos sobre a epidemiologia da *Brugia malayi* subperiódica na Malásia: problemas no seu controlo. Ata Trop. 1982;39(3):237.

210. Sivanandam S, Fredericks H. O "Innenkorper" na diferenciação entre as microfilárias de *Brugia pahangi* e *B. malayi* (forma sub-periódica). Med J Malaya. 1966;20(4):337-8.

211. Mak J, Lim P, Sim B, Liew L. *Brugia malayi* e *B. pahangi*: Cultivo *in vitro* de larvas infectantes até ao quarto e quinto estádios. Expt Parasitol. 1983; 55(2):243-8.

212. Hakim SL, Vythilingam I, Marzukhi M, Mak J. Single-dose diethylcarbamazine in the control of periodic brugian filariasis in peninsular Malaysia. Trans R Soc Trop Med Hyg. 1995;89(6):686-9.

213. Wharton RH. A biologia dos mosquitos *Mansonia* em relação à transmissão da filariose na Malásia. Bull Inst Med Res, Malásia. 1962;11:1-114.

214. Chang M, Jute N, Lah J. Produtividade dos locais de reprodução dos mosquitos das florestas pantanosas *Mansonia bonneae* e *Mansonia dives* em Sarawak, Malásia Oriental. Med Vet Entomol. 1988;2(1):19-28.

215. Chiang G, Cheong W, Loong K, Eng K, Samarawickrema W. Colonização laboratorial de *Mansonia uniformis*, *Ma. indiana* e *Ma. bonneae* na Malásia. J Am Mosq Control Assoc. 1985;1:186-90.

216. Chang MS, Chan KL, Ho BC, Hawley WA. Potencial comparativo de transmissão de três *Mansonia* sp. (Diptera: Culicidae) para a filariose em Sarawak, Malásia. Bull Entomol Research. 1991;81(4):437-44.

217. Chiang GL. Atualização sobre a distribuição e a bionomia dos vectores *da Mansonia*. Organização Mundial de Saúde 1991;FIL/EC/91/WP.25:1-8.

218. Chiang GL, Samarawickrema WA, Cheong WH, Sulaiman I, Yap HH. Atividade de picada, composição etária e sobrevivência de *Mansonia* em dois ecótipos na Malásia peninsular. Trop Biomed. 1984;1:115-20.

219. Chiang GL, Cheong WH, Samarawickrema WA, Sulaiman I, Yap HH. Composição de espécies, abundância sazonal e infecções filariais de *Mansonia* em dois ecótipos na Malásia peninsular. Tropical Biomed. 1984;1:41-7.

220. Chiang GL, Loong KP, Mahadevan S, Eng KL. Um estudo sobre a dispersão, sobrevivência e estimativas do ciclo gonotrófico de *Mansonia uniformis* num ecótipo de pântano aberto. Southeast Asian J Trop Med Public Health. 1988;19:271-92.

221. Seng C, Chuan H, Lok C. Colonização de *Mansonia dives* Schiner num insectário de campo. The Southeast Asian J Trop Med Public Health. 1991;22(2):229-34.

222. Kirnowardoyo S, Bahang Z, Saafi L, Bende N, Lim BL. Estudos sobre a filariose da Malásia em Kendari Regency, Sudeste de Sulawasi, Indonésia. III Vigilância dos mosquitos *Mansonia* com referência a aspectos sazonais e ecológicos de *Mansonia uniformis* e *Ma. indiana.* Bull Penelitian Kesihatan. 1984;12:21-31.

223. Chiang GL, Cheong WH, Samarawickrema WA, Mak JW, Kan SK. Filariose na Península de Bengkoka, Sabah, Malásia: estudos de vectores em relação à transmissão da filariose. Southeast Asian J Trop Med Public Health. 1984; 15(2):179.

224. Chiang G, Samarawickrema W, Cheong W, Sulaiman I, Yap H. Atividade de picada, composição etária e sobrevivência de *Mansonia* em dois ecótipos na Malásia peninsular. Trop Biomed. 1984;1:115-20.

225. Cheong W, *Omar* A. *Anopheles maculatus,* um novo vetor de *Wuchereria bancrofti* na Malásia (Pulau Aur) e um potencial vetor na Malásia continental. Med J Malaya. 1965;20(1):74-5.

226. Reid J, Wilson T, Ganapathipillai IA. Studies on filariasis in Malaya: the mosquito vectors of periodic *Brugia malayi* in north-west Malaya. Ann Trop Med Parasitol. 1962;56(3):323-36.

227. Vythilingam I, Hakim SL, Chan ST, Mak JW. *Anopheles donaldi* incriminado como vetor de *Brugia malayi* periódica em Grik, Perak, Malásia. Southeast Asian J Trop Med Public Health. 1996;27(3):637-41.

228. Ramachandran C, Hoo C, BIN O. Filariasis among aborigines and Malays living near to Kuala Lumpur. Med J Malaysia. 1964;18:193-200.

229. Thomas V, Ramachandran C. Seleção de *Culex pipiens fatigans* para a capacidade de vetor da estirpe rural de *Wuchereria bancrofti* - um relatório preliminar. Med J Malaya. 1970;24(3):196-9.

230. Vythilingam I, Huat TC, Ahmad NW. Potencial de transmissão de *Wuchereria bancrofti* por *Culex quinquefasciatus* em áreas urbanas da Malásia. Trop Biomed. 2005;22(1):83-5.

231. McCarroll L, Paton M, Karunaratne S, Jayasuryia H, Kalpage K, Hemingway J. Insecticides and mosquito-borne disease: insecticide resistance in mosquitoes can also interfere with developing parasites. Nature (Londres). 2000;407(6807): 961-2.

232. Mak J. Zoonotic filariasis in Malaysia (Filariose zoonótica na Malásia). Malaysian Vet J (Malásia). 1984;8:9-12.

233. Vythilingam I, Boaz L, Wa N. Detection of *Brugia malayi* in mosquitoes by the polymerase chain reaction. J Am Mosq Control Assoc. 1998;14(3):243-7.

234. Manguin S, Bangs M, Pothikasikorn J, Chareonviriyaphap T. Revisão sobre a co-transmissão global de espécies humanas de *Plasmodium* e *Wuchereria bancrofti* por mosquitos *Anopheles*. Infect Genet Evol. 2010;10(2):159-77.

235. Mak J. Filariasis in Southeast Asia (Filariose no Sudeste Asiático). Ann Acad Med, Singapura. 1981;10(1):112-9.

236. Triteeraprapab S, Kanjanopas K, Suwannadabba S, Sangprakarn S, Poovorawan Y, Scott AL. Transmissão da estirpe periódica nocturna de *Wuchereria bancrofti* por *Culex quinquefasciatus:* estabelecimento do potencial de filariose urbana na Tailândia. Epidemiol Infect. 2000; 125(01):207-12.

237. Ramaiah K, Das P. Seasonality of adult *Culex quinquefasciatus* and transmission of

bancroftian filariasis in Pondicherry, South India. Ata Trop. 1992;50(4):275-83.

238. Jayasekera N, Kalpage K, De Silva C. The significance of low density microfilaraemia in the transmission of *Wuchereria bancrofti* by *Culex* (*Culex*) *quinquefasciatus* Say in Sri Lanka. Trans Roy Soc Trop Med Hyg. 1991; 85(2):250-4.

239. Vythilingam I. *Plasmodium knowlesi* e *Wuchereriabancrofti*: os seus vectores e desafios para o futuro. Front Syst Biol. 2012;3.

240. Edeson J, Wilson T, Wharton R, Laing A. Experimental transmission of *Brugia Malayi* and *B. pahangi* to man. Trans Roy Soc Trop Med Hyg. 1960;54(3):229- 34.

241. Tan LH, Fong MY, Mahmud R, Muslim A, Lau YL, Kamarulzaman A. Filariose zoonótica *por Brugia pahangi* num subúrbio da cidade de Kuala Lumpur, Malásia. Parasitol Int. 2011;60(1):111-3.

242. Ottesen EA, Duke BO, Karam M, Behbehani K. Strategies and tools for the control/elimination of lymphatic filariasis (Estratégias e instrumentos para o controlo/eliminação da filariose linfática). Boletim do Órgão Mundial de Saúde. 1997; 75(6):491.

243. Dreyer G, Noroes J, Figueredo-Silva J, Piessens WF. Patogénese da doença linfática na filariose bancroftiana: uma perspetiva clínica. Parasitol Today. 2000; 16(12):544-8.

244. Taylor M, Bandi C, Hoerauf A, Lazdins J. *Wolbachia* bacteria of filarial nematodes: a target for control? Parasitol Today. 2000;16(5):179-80.

245. Simon F, Prieto G, Morchon R, Bazzocchi C, Bandi C, Genchi C. Anticorpos de imunoglobulina G contra os endossimbiontes de nemátodos filariais *(Wolbachia)* em doentes com dirofilariose pulmonar. Clin Diagn Lab Immunol. 2003;10(1):180-1.

246. Grandi G, Morchon R, Kramer L, Kartashev V, Simon F. *Wolbachia* in *Dirofilaria repens,* an agent causing human subcutaneous dirofilariasis. J Parasitol. 2008;94(6):1421-3.

247. Solomon T, Dung NM, Kneen R, Gainsborough M, Vaughn DW, Khanh VT. Japanese encephalitis. J Neurol Neurosurg Psychiatry. 2000;68(4): 405-15.

248. Grossman RA, Edelman R, Chiewanich P, Voodhikul P, Siriwan C. Estudo do vírus da encefalite japonesa no vale de Chiangmai, Tailândia ii. Infecções clínicas humanas. Am J Epidemiol. 1973;98(2):121-32.

249. Cruikshank EK. Encefalite aguda na Malásia. Trans Roy Soc of Trop Med Hyg. 1951;45:113-8.

250. Pond WL, Russ SB, Lancaster W, Audy J, Smadel J. Japanese encephalitis in Malaya. II. Distribuição de anticorpos neutralizantes no homem e nos animais. Am J Hyg. 1954;59(1):17-25.

251. Paterson P, Ley Jr H, Wisseman Jr C, Pond W, Smadel J, Diercks F, *et al.* Encefalite japonesa na Malásia. 1. Isolamento do vírus e provas serológicas de infecções humanas e equinas. Am J Hyg. 1952;56(3):320-30.

252. Sinniah M. Uma revisão da encefalite pelo vírus B do Japão na Malásia. O J Trop Med Saúde Pública do Sudeste Asiático. 1989;20(4):581-5.

253. Fang R, Hsu D, Lim T. Investigation of a suspected outbreak of Japanese encephalitis in Pulau Langkawi (Investigação de um surto suspeito de encefalite japonesa em Pulau Langkawi). Malaysian J Pathol. 1980;3:23-30.

254. Cardosa M, Choo B, Zuraini I. Um estudo serológico das infecções pelo vírus da encefalite japonesa no norte da Malásia peninsular. Southeast Asian J Trop Med Public Health. 1991;22(3):341-6.

255. Shope R. Epidemiologia e controlo da febre de dengue e da encefalite japonesa. WPR/PHC/CDS/1/90.79). OMS, Genebra, 1990.

256. Simpson D, Smith CG, Bowen E, Platt G, Way H, McMahon D, *et al.* Infecções por arbovírus em Sarawak: isolamentos de vírus de mosquitos. Ann Trop Med Parasit. 1970;64(2):137-51.

257. Simpson D. Arbovirus infections in Sarawak, October 1968-February 1970: Isolamento do vírus da encefalite japonesa em mosquitos. Ann Trop Med Parasit. 1974;68(4):393-404.

258. Vythilingam I, Jeffery I, Mahadevan S. Eneephalitis japonesa em Sepang: Estudos sobre a população de mosquitos juvenis. Trop Biomed. 2001;18:89-95.

259. Self L, Shin H, Kim K, Lee K, Chow C, Hong H. Ecological studies on *Culex tritaeniorhynchus* as a vetor of Japanese encephalitis. Boletim do Órgão Mundial de Saúde. 1973;49(1):41.

260. Heathcote O. Japanese encephalitis in Sarawak: studies on juvenile mosquito populations. Trans of the Roy Soc Trop Med Hyg. 1970;64(4):483-8.

261. Sunish I, Rajendran R, Reuben R. The role of urea in the oviposition behaviour of Japanese encephalitis vectors in rice fields of South India (O papel da ureia no comportamento de oviposição dos vectores da encefalite japonesa nos campos de arroz do Sul da Índia). Mem Inst Oswaldo Cruz. 2003;98(6):789-91.

262. Vythilingan I, Mahadevan S, Tan S, Abdullah G, Jeffrey J. Padrão alimentar do

hospedeiro e hábitos de repouso dos vectores da encefalite japonesa encontrados em Sepang, Selangor, Malásia. Trop Biomed. 1996;13:45-50.

263. Mitchell CJ, Chen PS, Boreham PFL. Padrões de alimentação do hospedeiro e comportamento de 4 espécies de *Culex* numa área endémica de encefalite japonesa. Bull World Health Organ. 1973;49:293-9.

264. Draffan R, Garnett S, Malone G. Birds of the Torres Strait: an annotated list and biogeographical analysis (Aves do Estreito de Torres: uma lista anotada e análise biogeográfica). Emu. 1983;83(4):207-34.

265. Soman R, Rodrigues F, Guttikar S, Guru P. Viremia experimental e transmissão do vírus da encefalite japonesa por mosquitos em aves ardeídeas. Indian J Med Res. 1977;66(5):709-18.

266. Solomon T. Controlo da encefalite japonesa - ao nosso alcance? New England J Med. 2006;355(9):869.

267. Vythilingam I, Oda K, Mahadevan S, Abdullah G, Thim CS, Hong CC, *et al.* Abundância, paridade e infeção pelo vírus da encefalite japonesa de mosquitos (Diptera:Culicidae) no distrito de Sepang, Malásia. J Med Entomol. 1997; 34(3):257-62.

268. Vythilingam I, Oda K, Chew TK, Mahadevan S, Vijayamalar B, Morita K, *et al.* Isolamento do vírus da encefalite japonesa de mosquitos recolhidos em Sabak Bernam, Selangor, Malásia em 1992. J Am Mosq Control Assoc. 1995;11(1):94- 8.

269. Weaver SC, Barrett AD. Transmission cycles, host range, evolution and emergence of arboviral disease (Ciclos de transmissão, gama de hospedeiros, evolução e emergência de doenças arbovirais). Nat Rev Microbiol. 2004;2(10):789-801.

270. Hasegawa M, Tuno N, Yen NT, Nam VS, Takagi M. Influência da distribuição das espécies hospedeiras na abundância de adultos dos vectores da encefalite japonesa - subgrupo *Culex vishnui* e *Culex gelidus* - numa aldeia de cultivo de arroz no Norte do Vietname. Am J Trop Med Hyg. 2008;78(1):159-68.

271. Vythilingam L, Mahadevan S, Ong K, Ghani A, Ong Y. Estudos sobre a atividade de picada de vectores da encefalite japonesa e outros mosquitos em zonas de arrozais em Selangor, Malásia. Trop Biomed. 1995;12:63-8.

272. Vythilingam I, Mahadevan S, Chang M, Abdullah G, Fam S, Igarashi A. Japanese encephalitis virus from mosquitoes in Sarawak, East Malaysia. Trop Biomed. 1998;15(2):57-60.

273. Arunachalam N, Murty U, Narahari D, Balasubramanian A, Samuel PP, Thenmozhi

V, *et al.* Estudos longitudinais da infeção pelo vírus da encefalite japonesa em mosquitos vectores no distrito de Kurnool, Andhra Pradesh, Sul da Índia. J Med Entomol. 2009;46(3):633-9.

274. Vythilingam I, Oda K, Tsuchie H, Mahadevan S, Vijayamalar B. Isolamento do vírus da encefalite japonesa de mosquitos *Culex sitiens* em Selangor, Malásia. J Am Mosq Control Assoc. 1994;10:228-9.

275. Vythilingam I, Tan S, Krishnasamy M. Comunicação breve: Suscetibilidade de *Culex sitiens* ao vírus da encefalite japonesa na Malásia peninsular. Trop Med Int Health. 2002;7(6):539-40.

276. Marchette N. Arbovírus da Malásia. Med J Malay. 1967;21:388-9.

277. Keiser J, Maltese MF, Erlanger TE, Bos R, Tanner M, Singer BH, *et al.* Effect of irrigated rice agriculture on Japanese encephalitis, including challenges and opportunities for integrated vetor management. Ata Trop. 2005;95(1):40-57.

278. Curtis C, Malecela-Lazaro M, Reuben R, Maxwell C. Utilização de camadas flutuantes de esferas de poliestireno para controlar populações do vetor da filária *Culex quinquefasciatus.* Ann Trop Med Parasitol. 2002;96:S97-104.

279. Reiter P. Bolas de poliestireno expandido: uma ideia para o controlo de mosquitos. Ann Trop Med Parasitol. 1978;72(6):595-6.

280. Reiter P. A field trial of expanded polystyrene balls for the control of *Culex* mosquitoes breeding in pit latrines (Um ensaio de campo de bolas de poliestireno expandido para o controlo de mosquitos *Culex* que se reproduzem em latrinas de fossa). J Am Mosq Control Assoc. 1985;1(4):519-21.

281. Sivagnaname N, Amalraj DD, Mariappan T. Utility of expanded polystyrene (EPS) beads in the control of vetor-borne diseases. Indian J Med Res. 2005;122(4):291.

282. Self L, Ree H, Lofgren C, Shim J, Chow C, Shin H, *et al.* Aplicações aéreas de insecticidas de ultra-baixo volume para controlar o vetor da encefalite japonesa na Coreia. Boletim do Órgão Mundial de Saúde. 1973;49(4):353.

283. Lothrop HD, Lothrop BB, Gomsi DE, Reisen WK. Aplicações intensivas de adulticidas no início da estação diminuem a transmissão de arbovírus em Coachella Valley, Condado de Riverside, Califórnia. Vetor Borne Zoonotic Dis. 2008;8(4):475-90.

284. Wada Y. Controlo dos vectores da encefalite japonesa. Jornal do Sudeste Asiático Trop Med Saúde Pública. 1989;20(4):623-6.

285. Nazni W, Lee H, Azahari A. Estado de suscetibilidade a insecticidas de adultos e

larvas de mosquitos *Culex quinquefasciatus* (Say) em Kuala Lumpur, Malásia. Trop Biomed. 2005;22(1):63-8.

286. Karunaratne S, Hemingway J. Insecticide resistance spectra and resistance mechanisms in populations of Japanese encephalitis vetor mosquitoes, *Culex tritaeniorhynchus* and *Cx. gelidus,* in Sri Lanka. Med Vet Entomol. 2000; 14(4):430-6.

287. Yadouleton A, Badirou K, Agbanrin R, Jost H, Attolou R, Srinivasan R, *et al.* Estatuto de resistência aos insecticidas em *Culex quinquefasciatus* no Benim. Parasit Vectors. 2015;8(1):1-6.

288. Baolin L. Environmental management for the control of rice-field breeding mosquitoes in China (Gestão ambiental para o controlo dos mosquitos reprodutores dos arrozais na China). Vetor-borne disease control in humans through rice agroecosystem management. Instituto Internacional de Investigação do Arroz 1988:111-21.

289. Victor T, Reuben R. Effects of organic and inorganic fertilisers on mosquito populations in rice fields of southern India (Efeitos dos fertilizantes orgânicos e inorgânicos nas populações de mosquitos nos campos de arroz do sul da Índia). Med Vet Entomol. 2000;14(4):361-8.

290. Lacey LA, Lacey CM. A importância médica dos mosquitos da terra rica e o seu controlo utilizando alternativas aos insecticidas químicos. J Am Mosq Control Assoc Supp. 1990;2:1-93.

291. Upadhyay RK. Epidemiologia, transmissão e patogénese da doença causada pelo vírus JE: sua prevenção e controlo. Am J Infect Dis Microbiol. 2015;3(1):38- 64.

292. Lam SK, Chua KB. Surto de encefalite pelo vírus Nipah na Malásia. Clin Infect Dis. 2002;34(Supp 2):S48-S51.

293. Lemon SM, Sparling PF, Hamburg MA, Relman D, Choffnes E, Mack A, *et al.*, editores. Vetor-borne diseases: understanding the environmental, human health, and ecological connections. Resumo do seminário. Vetor-borne diseases: understanding the environmental, human health, and ecological connections Workshop summary; 2008: National Academies Press.

294. Muslim A, Fong M-Y, Mahmud R, Lau Y-L, Sivanandam S. *Armigeres subalbatus* incriminado como vetor da filariose zoonótica *Brugia pahangi* nos subúrbios de Kuala Lumpur, Malásia Peninsular. Parasit Vectors. 2013;6(1):219.

295. Musso D, Cao-Lormeau VM, Gubler DJ. Vírus Zika: seguir o caminho do dengue e

do chikungunya? Lancet. 2015;386(9990):243-4.

296. Mlakar J, Korva M, Tul N, Popovic M, Poljsak-Prijatelj M, Mraz J, *et al.* Vírus Zika associado à microcefalia. New England J Med. 2016; 374(10):951-8.

297. Gardner CL, Ryman KD. Febre amarela: uma ameaça reemergente. Clin Lab Med. 2010;30(1):237-60.

298. Campbell GL, Marfin AA, Lanciotti RS, Gubler DJ. Vírus do Nilo Ocidental. Lancet Infect Dis. 2002;2(9):519-29.

MIX
Papier aus verantwortungsvollen Quellen
Paper from responsible sources
FSC® C105338

Printed by Books on Demand GmbH, Norderstedt / Germany